Wohlbefindlichkeitsfaktoren für verschiedene Branchen

Werner Seiferlein

Wohlbefindlichkeitsfaktoren für verschiedene Branchen

Werkzeuge zur Bestimmung

Mirjam Becker, Lektorat für den Autor

Springer Vieweg

Werner Seiferlein
TIM Technologie-Innovation-Management
Frankfurt/Main, Hessen, Deutschland

Ein Hinweis vorab: aus Gründen der besseren Lesbarkeit wird auf gleichzeitige Verwendung männlicher und weiblicher Sprachform verzichtet. Sämtliche Personenbezeichnungen gelten gleichermaßen für beiderlei Geschlecht.

ISBN 978-3-658-31006-6 ISBN 978-3-658-31007-3 (eBook)
https://doi.org/10.1007/978-3-658-31007-3

Die Deutsche Nationalbibliothek verzeichnet diese Publikation in der Deutschen Nationalbibliografie; detaillierte bibliografische Daten sind im Internet über http://dnb.d-nb.de abrufbar.

Planung/Lektorat: Frieder Kumm
Springer Vieweg ist ein Imprint der eingetragenen Gesellschaft Springer Fachmedien Wiesbaden GmbH und ist ein Teil von Springer Nature.
Die Anschrift der Gesellschaft ist: Abraham-Lincoln-Str. 46, 65189 Wiesbaden, Germany

Geleitwort

„Gesundheit ist etwas ganz Persönliches" – Nur wer sich wohl fühlt, ist gesund, und wer gesund ist, fühlt sich wohl. Dem gegenüber steht die vielfach geäußerte Meinung: „Wohlfühlen kann man sich zu Hause und in den Ferien. In der Produktion kommt es auf Effektivität und Effizienz an. Der Mensch wird durch die Berücksichtigung der Ergonomie und ggfs. in angepassten Produktionsabläufen berücksichtigt."

In Zeiten von Industrie 4.0 tritt der Mensch – gefühlt – in den Hintergrund der „alleskönnenden" Software/Maschine. Lohnt es sich in dieser Situation, sich tiefergehend mit „Wohlbefindlichkeitsfaktoren für verschiedene Branchen in der Produktion" zu beschäftigen? Die Antwort muss eindeutig lauten: „Ja."

Der Mensch ist und bleibt – gerade auch in Zeiten von Industrie 4.0 – das wichtigste „Produktionsmittel". Der Erhalt und der Ausbau seiner notwendigen Kompetenz und Erfahrung sowie seine Flexibilität, Aktivität und Stress-Unempfindlichkeit fordern eine aktive Unterstützung durch seine Umgebung. Industrie 4.0 stellt dafür geeignete Tools und Arbeitsumgebungen zur Verfügung. Diese aktive Unterstützung geschieht im besten Fall über den gesamten Lebenszyklus einer „Produktion" und beginnt daher sinnvollerweise beim „Entwurf der Produktion" (Gebäude und Produktionsanlage). Dadurch bedingt ist neben den üblichen produktionstechnischen Planungsfaktoren der Humanfaktor „Wohlbefinden" zu berücksichtigen.

Wenn „Wohlfühlen/Gesundheit" etwas ganz Persönliches ist, wie kann man dann in der Planung „Wohlbefindlichkeitsfaktoren" finden und definieren, die dieses „persönliche" Empfinden darstellen und handhabbar machen? Gibt es Wohlbefindlichkeitsfaktoren, die branchenübergreifend vorhanden sind und wenn ja, welche?

Die eigene Erfahrung zeigt, dass über Wohlbefindlichkeitsfaktoren, deren Auswirkungen, Kosten und Umsetzung in reale Anlagen der Prozessindustrie in der Planungs-/Entwurfsphase häufig nachgedacht wird, es aber an einer systematischen theoretischen Aufarbeitung und deren Umsetzung noch fehlt.

In der Planung von z. B. Bürobereichen werden Wohlbefindlichkeitsfaktoren längst systematisch entwickelt und berücksichtigt. Hierbei hat sich gezeigt, dass die Nutzer in die Planung eng einzubinden sind. Die Gestaltung der Arbeitsräume, der verwendeten

Materialien, physikalische Einflüsse (Lärm, Luft, Licht), psychische Einflüsse (Farben, Kontaktmöglichkeiten, Privatsphäre, Einrichtung des Arbeitsplatzes), aber auch organisatorische Maßnahmen und die Identifikation mit der Unternehmensphilosophie (und deren Umsetzung) haben Einfluss auf das Wohlbefinden eines Mitarbeiters. Unter der Prämisse, dass der Lebenszyklus solch einer Anlage mehrere Jahrzehnte beträgt, ist es sinnvoll, zur Investitionssicherung die Wohlbefindlichkeitsanforderungen regelmäßig zu überprüfen und anzupassen, denn diese können sich mit den Generationen ändern.

„Wohlfühl"-Elemente erzeugen (im ersten Moment) Kosten in der Umsetzung, dann Nutzen in der Anwendung und sind bei geeigneter Anwendung sowohl für das Unternehmen als auch den Mitarbeiter gewinnbringend.

Dr. Michael Müller
Head of Operations and Project Management
DI PA SE&C Engineering & Consulting
Siemens AG

Niko Stantis
Head of Sales
DI PA SE&C Engineering & Consulting
Siemens AG

Vorwort

Gesundheit gehört zu einem der Megatrends unserer Zeit. Die World Health Organisation definiert drei Bereiche als entscheidend für die Gesundheit: die mentale, soziale und physische Wohlbefindlichkeit (Abb. 1).

Auch in Bezug auf die Arbeit und die Arbeitsumgebung spielen alle 3 Ebenen eine wesentliche Rolle für die menschliche Zufriedenheit.[1] Zum Wort „Wohlbefindlichkeit" fallen uns allen ähnliche Assoziationen ein, von denen sich manche nicht auf die Arbeitswelt übertragen zu lassen scheinen, wie z. B. Ruhe und Entspannung. In diesem Buch wird Wohlbefindlichkeit als Überschrift zu einem Puzzlebild verstanden, wobei jeder erforschte oder empirisch gefundene Wohlfühlfaktor ein Puzzlesteinchen darstellt. Mit dem zusammengesetzten Puzzlebild ist man dann in der Lage, individuelle Puzzlebilder für jede Branche zu kreieren.

Die Recherchen nach den Wohlbefindlichkeitsfaktoren haben gezeigt, dass viele Branchen oder Bereiche sich mit den sehr stark vom Menschen beeinflussten Faktoren beschäftigen. Der einschlägigen Literatur ist zu entnehmen, dass sich in verschiedenen Branchen eine Wohlfühl-Indikation entwickelt hat, die wie ein Motivator wirken kann, ob diese Beobachtungen auch der Realität in anderen Branchen und Bereichen entsprechen. In der Tat konnte bei der vorliegenden Untersuchung die Anwendung von Wohlbefindlichkeitsfaktoren in allen der gewählten Branchen und Bereiche gefunden werden. Wenn jedoch nicht die Möglichkeit besteht, über den eigenen Tellerrand zu schauen, bleiben die Branchen und Bereiche für sich. Erst mit dem aktiven Beginn eines Informationsaustausches wird klar, dass in ihnen ähnliche bis gleiche Faktoren bekannt sind. Natürlich ergeben sich von Branche zu Branche Ergänzungen von Faktoren, die auch in anderen Bereichen anwendbar sind. Damit wird bedeutungslos, aus welchen Branchen und Bereichen die aufgefundenen Faktoren stammen. Die in dieser Arbeit untersuchten Wohlbefindlichkeitsfaktoren wurden mit Spezialisten im Rahmen von Interviews oder Diskussionen ermittelt. Die Informationen werden am Ende jedes Kapitels

[1] Vgl. Seiferlein, W. und Kohlert, C. (2018), S. XXVf.

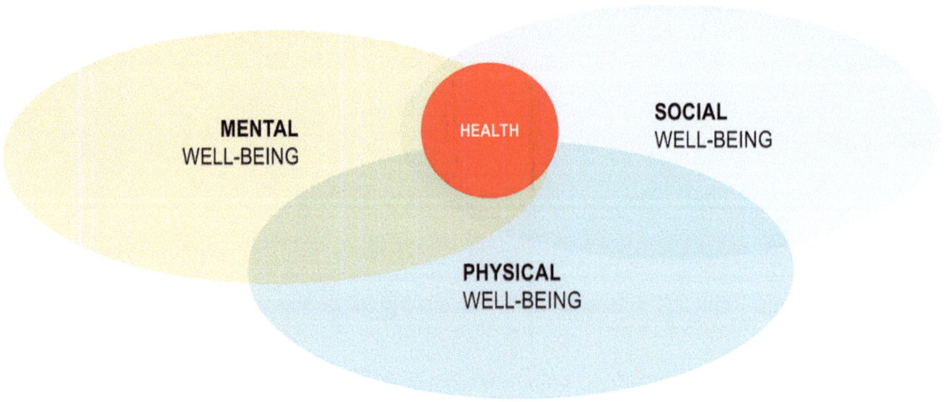

Abb. 1 Die drei Einflussfaktoren auf die Gesundheit

in einer Art Fazit zusammengefasst, wo es erforderlich und möglich ist, wird eine Handlungsempfehlung beigefügt.

Das Ziel ist, die möglichen Wohlfühlfaktoren und Kommunikationsflüsse für die entsprechenden Branchen oder Bereiche planerisch und konstruktiv abzubilden. Dazu werden die aufgefundenen Faktoren in eine Basismatrix überführt und beispielhaft auf zwei Bereiche angewendet. Es ist dann angedacht, dass andere Branchen oder Bereiche durch Spiegeln der eigenen Nutzeranforderungen aus dieser Basismatrix ein eigenes Konzept mit den für sie relevanten Faktoren erarbeiten können, also quasi eine strukturierte Wohlfühlmatrix.

Werner Seiferlein

Literatur

Seiferlein, W.; Woyczyk, R. (2017), Projekterfolg – Die vernetzten Faktoren von Investitionsprojekten, Fraunhofer Verlag, Stuttgart.

Inhaltsverzeichnis

Über den Autor

Prof. Dr.-Ing. Werner Seiferlein

- Erfahrungen als Betriebsingenieur im Bereich der Wirkstoffproduktion und Prozessentwicklung (Synthese und Biochemie), Pharmafertigung (Solida und Liquida) sowie der Produktentwicklung
- Durchführung von Standortbegutachtungen (Moskau, Warschau, Kiew)
- Erarbeiten von Due Diligents für die Übernahme von Pharmabetrieben oder das Schließen von Allianzen (z. B. Planung einer sterilen Fertigung in den USA)
- Know-how im Bereich FM (Pharma-Energien, Maintenance Excellence u. a.)
- Know-how im Immobilienmanagement (Anmietung, Umbau, Neubauplanung, Umzug von Bürogebäuden u. a.)
- Erstellung und Fortführen von Site-Master-Plänen (Kansas City, Kawagoe, Suzano und Frankfurt)
- Auslandserfahrung mit Projekten für Neu- und Umbauten weltweit (Ägypten, Indien, USA, Japan u. a.)
- Kontakte zu Pharmafirmen über die ISPE DACH (Pharmaverband für Ingenieure, Komitee-Mitglied seit 2005)
- Projektmanagementwissen aus zahlreichen Projekten und Erstellung einer Promotion zu diesem Thema
- Honorarprofessur an der Frankfurt University of Applied Sciences (2013)
- Managementerfahrung im Rahmen von Gruppen- und Abteilungsleitertätigkeiten
- ISPE, tätig im erweiterten Vorstand und Fraunhofer Lenkungskreismitglied IAO
- DIN-Normausschuss

Abkürzungsverzeichnis

API	Aktive pharmazeutische Wirkstoffe
APV	Apothekerverband
4L	Licht, Luft, Lärm, Leib
CAD	Computer Aided Design
CEO	Chief Executive Officer
CIC	Clariant Innovation Center
CLIA	Cruise Lines International Association
DACH	Deutschland, Österreich, Schweiz
DB	Deutsche Bundesbahn
EHS	Environment, Health, Safety
EKZ	Einkaufszentrum
ELA	Elektroakustische Anlage
EUniWell	European University for Well-Being
F&E	Forschung und Entwicklung
ISPE	International Society for Pharmaceutical Engineering
KPI	Key-Performance-Indikator
KI	Künstliche Intelligenz
NPV	Net Present Value
PAT	Process Analytical Technology
SB	Selbstbedienung

Abbildungsverzeichnis

Einleitung: Zukunft 4.0 1

Globalisierung, Konsolidierung, Digitalisierung: Seit vielen Jahren wird die Vision des bevorstehenden Wandels beschrieben, begrüßt, beklagt oder befürchtet. Dabei lag der Fokus der Diskussion bisher meist auf den zu erwartenden Verschiebungen im Wettbewerb: Produktionsverlagerung, Outsourcing, Produktivitätssteigerung und Kostensenkung waren zentrale Begrifflichkeiten der Debatte. Nun aber rückt die „neue Welt" in greifbare Nähe. Die Digitalisierung wird Märkte und Unternehmen effektiver machen und unsere Arbeits- und Lebenswelt radikal ändern. Somit sind sowohl die individuellen Arbeitnehmer als auch die Gesellschaft als Ganzes von diesen Änderungen betroffen.[1]

Die Menschheit profitiert unterm Strich gesehen von dieser Entwicklung zum immer Besseren oder Anderen. Allerdings hat diese Entwicklung auch ihre Schattenseiten. Die Entwicklung „zum Besseren" setzt immer einen kontinuierlichen Wechsel voraus, der uns aber oft überfordert. Wo es in der Vergangenheit für *einen* Anwendungsfall *eine* Lösung gab, ist es heute ein Vielfaches. Beispielsweise existierten früher maximal ein Damen- und ein Herrenrad, heute aber gibt es Mountainbike, Trekkingrad, Rennrad, City Bike, E-Bike oder Pedelec, Kinder- oder Jugendrad, Crossrad, BMX-Rad, Falt- oder Klapprad. Um die richtige Auswahl zu treffen, müssen methodische Ansätze ins Feld geführt und ein Plan erstellt werden. Ähnliches ereignet sich in der Automobilindustrie. Jeder spricht von Standards, die einen glauben lassen, dass die Vielfalt auf ein paar standardisierte Autotypen reduziert wird. Im Gegenteil schreitet aber mit dem System der „Mass Customization" die Individualisierung voran. Veränderungen in diese Richtung haben den positiven Aspekt, dass bei steigender Vielfalt der Bedarf genauer getroffen werden kann, was dem Kunden entgegen kommt.

Auch die Konzeptionierung der Bürowelt hat sich in den letzten 10 bis 15 Jahren dramatisch verändert und reicht vom traditionellen Zellenbüro über das Gruppen-,

[1]Vgl. Seiferlein, W. und Kohlert, C. (2018).

W. Seiferlein, *Wohlbefindlichkeitsfaktoren für verschiedene Branchen*,
https://doi.org/10.1007/978-3-658-31007-3_1

Abb. 1.1 Das „Vernetzte Dreieck" und dessen Faktoren

Team- oder Kombibüro bis zum Open Space Office, None Territorial Office und anderen Kombinationen, z. B. Kombibüro mit Shared Desk.

Der Faktor Mensch beeinflusst das Zusammenspiel der Akteure untereinander in zahlreichen Bereichen wie z. B. dem Bearbeiten von Projekten. Dieser Sachverhalt ist im **vernetzten Dreieck**[2] und dessen Faktoren bzw. seinen assoziierten Dreiecken veranschaulicht.

Das emotionale Dreieck bezieht sich auf das, was den Menschen in der Arbeitswelt ausmacht: Seine Ausbildung, seine Erziehung und seine Erfahrung. Das hierarchische Dreieck umfasst die Rolle, die jeder in einem Projekt einnimmt, denn er kann entweder Investor, Errichter oder Betreiber eines Objektes sein. Das dritte ist das aus dem Projektmanagement bereits lange bekannte magische Dreieck des Erfolgs, das die Faktoren Zeit, Kosten und Qualität miteinander ins Verhältnis setzt (Abb. 1.1):

Soll ein Projekt zum Erfolg und zur Zufriedenheit aller Beteiligten führen, müssen sich alle Faktoren des Vernetzten Dreiecks in einem Gleichgewicht befinden. Wenn z. B. eine Firma sich strategisch neu ausrichtet, so hat dies direkte Auswirkungen auf die Mitarbeiter und die Produktion und die Maßnahmen müssen von allen Beteiligten gleichermaßen mitgetragen werden. Die Zufriedenheit mit der Arbeitsumgebung ist maßgeblich mit der individuellen oder kollektiven Wahrnehmung und Bewertung eines Veränderungsprozesses verbunden. Deshalb ist es von Vorteil, die Nutzeranforderungen der Mitarbeiter in die Büroplanung zu integrieren. Dies setzt eine umfangreiche Information über die Möglichkeiten zur Beteiligung am Prozess voraus.

[2] Vgl. Seiferlein, W. und Woyczyk, R. (2017), S. 16.

Das Change Management unterstützt die Veränderungsbereitschaft von Mitarbeitern, damit sie lernen zu verstehen, dass nicht nur ihr Unternehmen, sondern vor allem sie selbst eine Wandlung durchlaufen werden. Der Mensch spielt bei diesem Prozess die größte Rolle und hat erheblichen Einfluss auf die Struktur, Arbeitsorte, Tätigkeitsschwerpunkte, Arbeitstypen, Demografie u. a. Wichtig ist in diesem Zusammenhang, dass die Ausrichtung der Mitarbeiter wie auch die des Unternehmens im Gleichschritt vollzogen wird. Dabei trägt das Management eine große Verantwortung, nicht nur bei der Entscheidung wesentlicher Punkte, sondern auch hinsichtlich seiner Vorbildrolle. Es ist ein No-go, von den Mitarbeitern etwas zu verlangen, das das Management selbst nicht tun will – wenn die Welt sich dreht, dreht sie sich für alle. Im Rahmen des Änderungsprozesses muss daher vorab ein Employees & Company Alignment[3] eingebunden und entsprechend kommuniziert werden. Ein weiterer Aspekt betrifft das Engagement der Mitarbeiter, das im Verhältnis mit der Zufriedenheit am Arbeitsplatz steigt.[4]

> „Der Produktionszyklus immaterieller Arbeit wird nicht länger durch die vier Wände der Fabrik definiert werden. So wird es zeitlich und räumlich zunehmend schwieriger, zwischen Arbeit und Freizeit zu unterscheiden. In einem gewissen Sinn wird das Leben untrennbar von der Arbeit sein.“[5]

Daraus ergibt sich, dass das Wohlbefinden sowie die Gesundheit und die Qualitätsverbesserung eine zentrale Stellung einnehmen. Dabei ist es wichtig, das Ziel zu definieren und die Frage zu beantworten: „Was bringt die Einführung von Wohlbefindlichkeitsfaktoren?“ Singuläre Maßnahmen, die je nach Anfrage zusammenhanglose Ergebnisse anbieten, werden als Flickenteppich verstanden und sind meist nur wenig durchdacht. Ferner ergibt es auch keinen Sinn, ein Objekt mit allen ermittelten unterschiedlichen Faktoren zu identifizieren, damit die Wohlfühlfaktoren auf Biegen und Brechen Anwendung finden. Wichtig scheint es, das Bewusstsein zu schärfen, um ein Gesamtbild über das Objekt zu erhalten. Dabei kann mit einer iterativen Vorgehensweise letztendlich ein Gesamtbild, also ein Masterplan entwickelt werden.

Mit der Anwendung von Wohlbefindlichkeitsfaktoren verbessert sich die Leistungsfähigkeit des Menschen und es stellt sich eine Optimierung und Verbesserung der physischen, geistigen und sozialen Kompetenzen ein. Damit gehen auch der Arbeitsausfall und die Fluktuation zurück. Wohlbefinden stärken, Mehrwert schaffen, eine definierte Arbeitsatmosphäre bieten und die Erhaltung der Gesundheit gewährleisten sind dabei von höchster Bedeutung.

Mit solch einer Maßnahme kann ein Unternehmen seine Attraktivität, seinen Unternehmer- und seinen Forschergeist steigern, weil sie die Motivation der Mitarbeiter

[3]Siehe Kap. 5.3.2.

[4]Vgl. Steelcase (2016), S. 7.

[5]Rumpfhuber, A. (2013), S. 18.

positiv stimuliert und eine Atmosphäre schafft, die auch dem „war for talents“ standhält und dadurch Innovationen unterstützt, die letztendlich den Ausstoß der Produktion erhöhen.

1.1 Mitarbeiter

In Deutschland sind ca. 44,9 Mio. Erwerbstätige beschäftigt (Stand 2018/2019). Bei einer einfachen Klassifizierung wirtschaftlicher Tätigkeiten sind lediglich drei Bereiche zu unterscheiden:

- Der erste Bereich umfasst die Land- und Forstwirtschaft sowie die Fischerei,
- der zweite Bereich das produzierende Gewerbe und
- der dritte Bereich den Dienstleistungsbereich.

1970 waren noch 8,4 % aller Erwerbstätigen im ersten Bereich tätig, 1990 lag der Anteil bei 3,5 % und im Jahr 2012 waren es nur noch 1,6 %. Auch der zweite Bereich hat an Bedeutung verloren: Entfielen 1970 noch 46,5 % der Erwerbstätigen auf das produzierende Gewerbe, verringerte sich ihr Anteil bis 1990 kontinuierlich auf 36,6 %. Im Jahr 2012 war nur noch jeder vierte Erwerbstätige im zweiten Bereich tätig (26 %). Entsprechend dieser Entwicklungen hat sich die Bedeutung des dritten Bereichs stetig erhöht. Der Anteil der dort Beschäftigten stieg von 45,1 % im Jahr 1970 über 59,9 % im Jahr 1990 auf 73,7 % im Jahr 2012. Bei den Angaben ist darüber hinaus zu beachten, dass die Verteilung auf die verschiedenen Sektoren nicht immer mit der eigentlichen Tätigkeit eines Mitarbeiters gleichgesetzt werden kann. So arbeiten Mitarbeiter im produzierenden Gewerbe nicht notwendigerweise in der eigentlichen Produktion, sondern können auch in der kaufmännischen Abteilung eines Industriebetriebs tätig sein.[6]

Die altersmäßige Zusammensetzung der Beschäftigten war noch nie so heterogen wie heute, sodass zumeist drei Generationen in einem Team zusammenarbeiten. Um die jeweils unterschiedlichen Bedürfnisse dieser Gruppen bedienen zu können, ist ein generelles Überdenken der Arbeitsorganisation erforderlich. Dies hat aber auch unsicherere Beschäftigungsverhältnisse und eine Aufspaltung der Arbeitnehmerinnen und Arbeitnehmer z. B. aufgrund von Outsourcing zur Folge.[7] Verschärfend wirkt auch der Fakt, dass die geburtenstarken Jahrgänge, die Babyboomer, nun bald in den Ruhestand gehen.[8] Darum bestehen Bedenken, ob die Zahl der ausscheidenden Erwerbstätigen durch

[6]Vgl. Institut für Arbeitsmarkt und Berufsforschung (2013), Statistisches Bundesamt (2008), Bundesagentur für Arbeit (2012).

[7]Vgl. Rumpfhuber, A. (2013).

[8]Vgl. Mayer, T. v. (2019).

die potenziellen Nachrücker wiederbesetzt werden kann. Die Politik intendiert, diesem demografischen Wandel kurz- bis mittelfristig mit der Aufnahme von Flüchtlingen zu begegnen und verzeichnet dabei erste Erfolge, weil immerhin „jeder dritte Flüchtling Arbeit gefunden“[9] hat. Oft mangelt es aber an adäquater Ausbildung und zuerst an der Sprache. In den 1980er Jahren konnten im Betrieb noch Mitarbeiter beschäftigt werden, die kaum lesen und schreiben konnten oder der deutschen Sprache nicht mächtig waren, mit der zunehmenden Digitalisierung und Spezialisierung stehen aber immer weniger einfache Tätigkeiten zur Verfügung.[10] Weitere Maßnahmen, den drohenden Fachkräftemangel aufzufangen, bestehen in der Schaffung von Anreizen für Paare, Nachwuchs zu bekommen, z. B. durch die Errichtung von Wohneigentum zu erschwinglichen Preisen.

1.2 Arbeitsorte

Über die Anforderungen bei der Konzeptionierung von Büro- und Verwaltungsgebäuden wird bereits viel geforscht und publiziert, darüber hinaus aber weniger:

> „Wissenschaftliche Erkenntnisse zu anderen Objekten als Büro- und Verwaltungsgebäude existieren kaum. In Deutschland ist dies eine junge Disziplin, die keine standardisierte Vorgehensweise enthält.“[11]

Vor dem Hintergrund der Tatsache, dass die verschiedenen Tätigkeiten im Büro sehr voneinander abweichende Anforderungen stellen, denen aber bislang noch nicht durch entsprechende Raumkonzepte Rechnung getragen wird, fordert Gatterer eine Spezialisierung der Büroausstattung, die sich an der folgenden Typologie der Wissensarbeiter orientiert:[12]

- Anchor (Schreibtisch-Surfer): typischerweise Produktionsmanager, Buchhalter, F&E-Verantwortliche, die 90 % ihrer Zeit am Schreibtisch verbringen. Sie legen Wert auf eine wohltuende Atmosphäre und Komfort am Arbeitsplatz.
- Connector (Vermittler): typischerweise Planer, Entwickler, Anwälte, die zu 50 % am eigenen Schreibtisch und zu 50 % innerhalb des eigenen Unternehmens unterwegs sind. Ihr Spektrum reicht von intensiven Meetings bis zur Konzentration alleine, weswegen sie schnell die Szenerie wechseln können müssen, um unterschiedlichste Themen zu bearbeiten.
- Gatherer (Sammler): typischerweise Junior Consultants, Designer, Marketing-Manager, die ebenfalls 50 % ihrer Zeit am Schreibtisch oder dessen direkter

[9] Vgl. Bollmann, R. und Kloepfer, I. (2019).

[10] Vgl. Militzer, H. (2010), S. 74.

[11] Essig, U. (2020), S. 74.

[12] Vgl. Gatterer, H. (2009), S. 25 ff.

Umgebung verbringen, aber auch viel außerhalb des Unternehmens unterwegs sind. Für sie ist es wichtig, leicht kommunizieren zu können.
- Navigator: typischerweise Key-Account-Manager, Trainer, Senior Consultants, die ihr Büro nur zu 10 % ihrer Arbeitszeit nutzen und oft gar keinen eigenen Schreibtisch haben. Ihre Tätigkeit besteht hauptsächlich aus Kommunikation und der Verarbeitung von Information in Wissen.

Etwas feiner strukturiert ist die Differenzierung von Jurecic et al., die die folgenden sieben Arbeitstypen identifizieren:[13]

- Thinker: Konzentrierter Stillarbeiter, der zudem oft unterwegs ist
- Hypercross: Ist überall und nirgendwo, hochkommunikativ mit Kollegen, wenig am Arbeitsplatz, mehr in spontanen Meetings
- Traveller: Immer unterwegs, zu Hause, im Büro oder auf Geschäftsreise, wenn er vor Ort ist, dann in Meetingräumen
- Silent Worker: Verbringt seine Arbeitszeit vorwiegend am Platz und hat nur selten Meetings
- Communicator: Ist viel intern unterwegs, um Dinge mit Kollegen zu besprechen
- Caller: Telefoniert viel, wechselt häufig zwischen Projekten und arbeitet selten lang an einer Tätigkeit
- Hands-on: Wechselt häufig zwischen Schreibtisch und Labor oder Werkstatt

Diese Einteilung kann als Basis für die optimale Bürogestaltung dienen, wobei darauf zu achten ist, dass jeder Typ ein Büro mit dem für ihn geeignetsten Layout erhält. Dafür steht eine Auswahl von Büroformen zur Verfügung:

- Traditionelles Einzelbüro
- Gruppenbüros für zwei, bis zu fünf oder bis zu 20 Personen
- Großraumbüro
- Kombibüro (eine Mischform aus Einzel- und Großraumbüro mit Gemeinschaftszone)
- Multispace-Büros mit Mehrwertangeboten und Sharing-Konzept

Von diesen zahlreichen Büroformen rückt das Multispace-Büro immer stärker in den Mittelpunkt des Interesses, weil es die Bedürfnisse sehr vieler Arbeitstypen bedient. Diese Bürostruktur bietet neben flexiblen Arbeitsplätzen mit Desk-Sharing und einer großen Vielfalt an Besprechungsräumlichkeiten auch Rückzugsorte für Konzentration, Erholungs- und Pausenmöglichkeiten.[14]

---

[13] Vgl. Schnell, S. (2018) und Jurecic, M. et al. (2018).

[14] Vgl. Steelcase (2013), S. 35 ff.

Im produzierenden Gewerbe ist der Hauptteil der Mitarbeiter nach wie vor auf einen festen Arbeitsplatz fixiert. Von den oben beschriebenen Arbeitstypen findet sich in der Produktion der Anchor wohl am häufigsten, wenn man den Schreibtisch-Surfer mit dem Maschinen-Betreiber gleichsetzt, denn er ist praktisch einem einzigen Arbeitspunkt zugeordnet. In Abhängigkeit von den Tätigkeitsschwerpunkten ergeben sich für einen an der Wertschöpfung beteiligten Produktionsmitarbeiter drei typische Arbeitsorte, wobei die zeitlichen Anteile an der Tätigkeit von der Position des einzelnen Mitarbeiters abhängen:

- Arbeitsplatz
- Werkstatt
- Besprechung

Die Arbeitsorte im produzierenden Gewerbe sind sehr unterschiedlich strukturiert, sei es hinsichtlich des Orts (z. B. natürliches Licht, hoher Geräuschpegel u. a.), der Belegung, des Layouts u. s. w. Trotzdem lohnt es sich zu prüfen, ob die für den Büro-Arbeitsplatz gefundenen Strukturen auch auf die Industrie-Arbeitsplätze übertragen werden können. Für die Kollegen mit unterschiedlichen Tätigkeitsschwerpunkten an unterschiedlichen Orten könnte beispielsweise überlegt werden, ähnlich wie in der Büroplanung Activity Based Working einzuführen oder bei der Planung eines Neubaus zu berücksichtigen.[15]

Die vierte industrielle Revolution, das heißt der Weg von der digitalisierten Welt in die Welt des Internets der Dinge und Dienstleistungen, ist im vollen Gange. Die Produktion wird immer mehr mit der Informationstechnik verzahnt werden. Das Ziel ist das Zusammenspiel zwischen Mensch und Maschine:[16]

> „Die Vision ist die vernetzte Fabrik, bei der die Produktionsdaten in Echtzeit zur Verfügung stehen und als Basis weiterer Rechnungen dienen. Um die Möglichkeit der Digitalisierung voll auszuschöpfen, müssen Kompetenzen aufgebaut und das Wissen gestreut werden.“[17]

Umfragen zeigen, dass die Relevanz dieses Themas in vielen Industrien gesehen und mit hoher Geschwindigkeit angegangen wird. Erste Anwendungen sind in der Test- und Realisierungsphase.

Automatisierte Tätigkeiten mit hohen Routineanteilen spiegeln die sich entwickelnde Digitalisierung von Prozessen. Dieser Verlauf trägt dazu bei, dass die reinen Produktionsarbeitsplätze verloren gehen, aber im Gegenzug neue Berufe entstehen werden. Dies hat die deutsche Regierung dazu bewogen, die Initiative „Industrie 4.0“ ins Leben zu rufen, die darauf abzielt, die Industrie in die Lage zu versetzen, für die Zukunft der Entwicklung und Gestaltung gerüstet zu sein.

[15] Vgl. Gatterer, H. (2009).

[16] Vgl. Walter, G. (2018).

[17] Jurecic et al. (2018).

Der Begriff Industrie 4.0 bezeichnet die vierte industrielle Revolution, an deren Ende die Vernetzung aller Maschinen, Produkte und Prozesse in einer „smart factory“ steht. Dies soll dazu dienen, Ressourcen zu schonen, die Effizienz zu steigern, den Automatisierungsgrad bei kleinen Losgrößen zu erhöhen und durch bessere Prozessführung die Qualität zu erhöhen.[18] Die Industrieproduktion wird gekennzeichnet sein durch eine starke Individualisierung der Produkte unter den Bedingungen einer hoch flexibilisierten Produktion, die weitgehende Integration von Kunden und Geschäftspartnern in Geschäfts- und Wertschöpfungsprozesse und die Verkopplung von Produktion und hochwertigen Dienstleistungen.

Nun könnte man sich fragen, warum man ausgerechnet den Produktionsarbeitsplatz mit Wohlgefühlen ausstatten und die Gesundheit des Mitarbeiters hervorheben soll, wo es doch ohnehin keine Menschen mehr geben wird, die produktiv tätig sind, weil dies künftig von Robotern getan wird:

> „Arbeit aber ist niemals getan, sondern wird im bestenfalls von Automaten übernommen. Von monotonen Arbeitsabläufen befreit, werden die Menschen in die allgemeine Arbeitslosigkeit entlassen. Diese Utopie der Freizeit beginnt aber nicht erst nach einer weit in der Ferne liegenden Maschinenrevolution, sondern hat bereits mit der Umstrukturierung begonnen.“[19]

Dieser Satz ist zwar überzogen, aber im Kern richtig: Kann der Roboter kurz- bis mittelfristig jede erforderliche Tätigkeit ausführen und den Menschen verdrängen?

Die Fähigkeit eines Roboters, Dinge zu lernen und sich konstruktiv weiterzuentwickeln, ist heute schon sichtbar. Dabei ist jedoch zu bedenken, dass die Weiterentwicklung und Verbesserung des Roboters sowie seine Herstellung, Programmierung, Wartung und Instandhaltung zwar immer weniger Zeit braucht, aber zwingend eines Menschen bedarf. Mittel- bis langfristig kommt zweifelsohne die professionelle Nutzung eines Roboters, beispielsweise in der Industrie, wie es z. B. in der Automobilindustrie bereits heute der Fall ist. Anders verhält es sich aber bei der Entwicklung von Haushaltsrobotern für alle erdenklichen Serviceleistungen bis hin zu Maßnahmen im Pflegebereich. Hier wird von der Maschine mehr verlangt als Schweißen oder Lackieren. Der Einsatz von Künstlicher Intelligenz (KI) kann deshalb demnächst durchaus zum Wachstumsmotor der gesamten Industrie werden.[20]

[18] Vgl. Rauschnabel, J. (2015).

[19] Rumpfhuber, A. (2013), S. 75.

[20] Vgl. Weiguny, B. (2017).

1.3 Stressfaktoren und Wohlbefindlichkeitsfaktoren

Bevor wir die Wirksamkeit von Wohlbefindlichkeitsfaktoren beleuchten, sollten wir einen Blick auf die ihnen gegenüberstehenden Stressfaktoren werfen.

In der Produktion befasst sich die Forschung hinsichtlich Wohlbefinden und Gesundheit weitgehend nur mit den Büro- und Verwaltungsabteilungen, für die Beschäftigten im eigentlichen Produktionsprozess sind jedoch im Wesentlichen lediglich zwei Kennzahlen bekannt, die Fluktuation mit ca. 10–15 % und die Krankheitsrate mit ca. 2–4,5 %. Sobald der Wirkungsgrad des Produktionsprozesses abnimmt, wird sich die Produktionszeit um die angestrebte Produktionsmenge verlängern, was zur Folge haben kann, dass diese Kennzahlen sich verschlechtern. Eine Verringerung des Wirkungsgrades von ca. 5 % macht bei einem Durchschnittsgehalt von ca. 3100 € pro Mitarbeiter und 13 Mio. Arbeitnehmern eine Summe von 2.450.500.000 € aus.

Bei der Optimierung der Arbeitsprozesse stehen allzu oft nur finanzielle Aspekte im Vordergrund und der Mensch wird häufig vernachlässigt. Dies zeigt sich in Form von höherem Leistungsdruck, ausgelöst durch größere Verantwortung, und in dem sich daraus ergebenden Stress, der auf Dauer zu einer Demotivation und auch zu Krankheiten führen kann. Eine Befragung von 1660 Arbeitnehmern im März 2016 ergab die nachfolgenden Stressfaktoren, wobei Mehrfachnennungen möglich waren:[21]

- Ständiger Termindruck
- Schlechtes Arbeitsklima
- Emotionaler Stress
- Überstunden
- Ständige Bereitschaft
- Hoher Erfolgsdruck
- Keine Pausen oder zu kurz
- Monotone Aufgaben
- Schlechte Arbeitsplatzausstattung
- Hohe körperliche Belastung
- Mobbing
- Schichtarbeit

Diese Stressfaktoren wirken sich in vielfältiger Weise auf das körperliche und seelische Wohlbefinden aus:[22]

- Rückenschmerzen
- Anhaltende Müdigkeit und Erschöpfung

[21]Vgl. pronova BKK (2018), S. 24.

[22]Vgl. pronova BKK (2018), S. 32.

- Innere Anspannung
- Grübeln
- Lustlosigkeit
- Schlafstörungen
- Reizbarkeit
- Kopfschmerzen
- Konzentrationsstörungen
- Nachlassendes sexuelles Verlangen
- Rückzug von Freundes-/Bekanntenkreis
- Magen-/Verdauungsprobleme
- Selbstzweifel

Um Stress abzubauen, empfehlen sich folgende Maßnahmen:

- Sport
- Entspannungstechniken wie Yoga, Autogenes Training oder Progressive Muskelentspannung nach Jacobson
- Kleine Erholungsphasen über den Tag verteilt, z. B. ein Spaziergang in der Mittagspause oder ein entspannendes Bad am Abend
- Fester und geregelter Tagesablauf
- Gesunde Ernährung mit einer optimalen Mischung aus Nährstoffen

Ebenso wichtig ist aber, es gar nicht erst so weit kommen zu lassen. Hier steht der Arbeitgeber ebenso in der Pflicht, denn das Etablieren gesundheitsförderlicher Bedingungen und die Entwicklung zu einem gesunden Verhalten in Verbindung mit der Gestaltung einer gesundheitsfördernden Arbeitsumgebung ist die Basis für den Schutz der Mitarbeiter.

Das Team „WorkSpace Futures“ von Steelcase, einem der führenden Entwickler von Arbeitsplatzumgebungen, konnte sechs Dimensionen identifizieren, die das Wohlbefinden beeinflussen und die ein moderner Arbeitsplatz fördern sollte:[23]

- Optimismus: Kreativität und Innovationen benötigen optimistische Menschen, die das große Ganze im Blick behalten, Ideen nachgehen, offen für Veränderungen sind und das Risiko eingehen, sich schwierigen Aufgaben zu stellen.
- Achtsamkeit: Die Schnelllebigkeit, Volatilität und rasante technologische Weiterentwicklung der heutigen Arbeitswelt verursachen kognitive Überlastung und Stress. Mit Achtsamkeit lässt sich eine Balance zum tatsächlichen Hier und Jetzt finden, die es ermöglicht, sich aufmerksam, konzentriert und voller Engagement und Leidenschaft auf eine Sache zu fokussieren.

[23]Vgl. Steelcase (2013), S. 21 ff.

- Authentizität: Durch das Gefühl, man selbst sein und sich frei ausdrücken zu können, entsteht Wohlbefinden.
- Zugehörigkeit: Soziale Beziehungen, Freundschaften und positive Interaktionen am Arbeitsplatz schaffen die Grundlage, sich mit einem Unternehmen, seiner Marke und seinen Zielen verbunden zu fühlen.
- Bedeutsamkeit: Ein sinnhaftes Ziel zu verfolgen ist die Voraussetzung für Motivation und eine positive Arbeitseinstellung. Menschen brauchen Bedeutsamkeit, um zu begreifen, dass ihre Arbeit nicht überflüssig ist.
- Vitalität: Die dauerhafte Inaktivität von Muskeln, wie es bei zu langem Sitzen geschieht, beeinträchtigt die Aufmerksamkeit, wohingegen die Körperhaltung häufig zu wechseln den Geist stimuliert. Darum ist ausreichend Bewegung am Arbeitsplatz essenziell, um körperlich und mental fit zu sein.

Aus diesem Grund muss an den Erfolg versprechenden Wohlbefindlichkeitsfaktoren gearbeitet werden, die zum einen sowohl den Arbeitnehmern als auch der Unternehmung Vorteile bringen und zum anderen eine ausgewogene Balance zwischen Arbeitswelt und Privatleben gewährleisten (Work-Life-Balance).

Fazit
Der kontinuierliche Wandel von der Industrie- zur Wissensgesellschaft rückt die Typisierung der Arbeitsplätze immer mehr in den Fokus und wird noch stärker an Bedeutung gewinnen. Damit die Beschäftigten diesen Wandel mit all seinen neuen Anforderungen mitgehen können, ist eine Beschäftigung mit Wohlbefindlichkeitsfaktoren zwingend notwendig.

Literatur

Bollmann, R., Kloepfer, I. (2019), Jeder dritte Flüchtling hat Arbeit gefunden, in: Frankfurter Allgemeine Zeitung, Wirtschaft, 11.08.2019.

Bundesagentur für Arbeit (2011), Arbeitsmarkt 2011, Bundesagentur für Arbeit, Nürnberg.

Essig U. (2020), Ein Heim für die Seele, Apotheken Umschau, 15. Januar 2020, S. 74–76.

Gatterer, H. (2009), Räume der Arbeit, Trendreport zu Büro und Arbeitswelten, Grasl Druck & Neue Medien, Wien.

Institut für Arbeitsmarkt und Berufsforschung (IAB): Daten zur kurzfristigen Entwicklung von Wirtschaft und Arbeitsmarkt, 04/2013.

Jurecic, M.; Rief, S.; Stolze, D. (2018), Office Analytics – Erfolgsfaktoren für die Gestaltung einer typbasierten Arbeitswelt, Fraunhofer Verlag, Stuttgart.

Mayer, T. v., (2019), Die Demographiewende ist machbar, in: Frankfurter Allgemeine Zeitung, 08.07.2019.

Militzer, H. (2010), Der Novocain-Betrieb, Geschichte und Geschichten, Hoechst AG, Aventis, Frankfurt am Main.

pronova BKK (2018), Betriebliches Gesundheitsmanagement 2018, Ergebnisse der Arbeitnehmerbefragung | Februar 2018, https://www.pronovabkk.de/media/downloads/presse_studien/studie_bgm_2018/pronovaBKK_BGM_Studie2018.pdf [Zugriff am 08.06.2020].

Rauschnabel, J. (2015), ISPE Fachgespräch, Leipzig, 24. Februar 2015.

Rumpfhuber, A. (2013), Architektur immaterieller Arbeit, Tuna+Kant, Wien.

Schnell, S. (2018), Wie verschiedene Mitarbeitertypen und Arbeitsstile die Büroplanung beeinflussen, https://business-user.de/arbeitswelt/wie-arbeitstypen-und-stile-die-bueroplanung-beeinflussen/ [Zugriff am 25.05.2020].

Seiferlein, W.; Kohlert, C. (2018), Die vernetzten gesundheitsrelevanten Faktoren für Bürogebäude, Springer Vieweg, Wiesbaden.

Seiferlein, W.; Woyczyk, R. (2017), Projekterfolg, die vernetzten Faktoren von Investitionsprojekten, Fraunhofer Verlag, Stuttgart.

Statistisches Bundesamt (2008), Klassifikation der Wirtschaftszweige, Ausgabe 2008 (WZ 2008), Statistisches Bundesamt, Wiesbaden.

Steelcase (2016), Mitarbeiterengagement und Arbeitsplätze in aller Welt, 360° Steelcase Global Report, https://cdn2.hubspot.net/hubfs/1822507/2016-WPR/DE/SteelcaseGR_DE.pdf [Zugriff am 08.06.2020].

Steelcase (2013), Wohlbefinden – ein Thema, das nur Gewinner kennt, 360° Magazin Nr. 8, https://www.steelcase.com/content/uploads/sites/2/2018/08/360N8DE.pdf [Zugriff am 08.06.2020].

Walter, G. (2018), Trending Topics – Industrie 4.0, https://www.faz.net/asv/trending-topics/trending-topics-industrie-4-0-15916467.html [Zugriff am 04.06.2020].

Weiguny, B. (2017), Erfolgsformel: Arbeiten 4.0 und Führung 4.0, in: Frankfurter Allgemeine Zeitung, 23.04.2017.

Bestandsaufnahme: Maßnahmen für die Wohlbefindlichkeit in unterschiedlichen Bereichen

2

Im Weiteren werden erste Faktoren hinsichtlich der Wohlbefindlichkeit identifiziert und punktuell bereits ausgeführte Maßnahmen vorgestellt, um den Stand dieser Thematik in der Industrie aufzuzeigen.

2.1 Maßnahmen an der Gebäudehülle: Umsetzung eines Farbkonzepts

Mit Farben in der Industrie hat sich in den 70er und 80er Jahren Friedrich Ernst von Garnier einen Namen gemacht. Zunächst widmete er sich der Farbgebung der Außenhaut von Produktionsanlagen und hat im Industriepark Höchst mehr als 70 Gebäude und Anlagen farblich gestaltet.

Von Garniers Arbeiten gelten als Beleg dafür, dass bei Architektur, Gebäuden und Produktionsanlagen nicht nur tristes Grau vorherrschen muss. Seine Lehre von der „organischen Farbigkeit" geht von der Notwendigkeit mehrtöniger Farbigkeit für die Erhaltung des Wohlbefindens und damit letztlich der Gesundheit aus.[1] Farbigkeit ist damit kein überflüssiges Dekor, sondern durchdacht entworfen ein untrennbarer Bestandteil der menschlichen Seele.[2] So wurde von Garnier beauftragt, drei Betriebe der Hoechst AG farblich zu gestalten.[3] Im Novocain-Betrieb sollten die Wände maisgelb angelegt und die Eisenkonstruktion lindgrün gestrichen werden, für die Motoren der Rührkessel war himmelblau vorgesehen. Der Betriebsleiter des Werks Hans Militzer beschreibt die Wirkung folgendermaßen:

[1]Vgl. Garnier, F.-E. v. (1997).

[2]Vgl. Militzer, H. (2010).

[3]Der Novocain- und Dolantin-Betrieb sowie das Technikum Nord.

W. Seiferlein, *Wohlbefindlichkeitsfaktoren für verschiedene Branchen*,
https://doi.org/10.1007/978-3-658-31007-3_2

Abb. 2.1 Die Novocain-Werkshalle in der ursprünglichen Farbgebung

> „Als das Projekt umgesetzt war, erschien die Gestaltung auf den ersten Blick etwas gewöhnungsbedürftig. Im Werk Höchst wurde der Novocain-Betrieb als Bonbon-Betrieb bezeichnet. Wenn man jedoch die Farben etwas auf sich wirken ließ, konnte man nachempfinden, was von Garnier zu seiner Wahl bewogen hatte. Er wollte in die technisierte Arbeitswelt mit ihren Kesseln, Geräten und Rohrleitungen positive Assoziationen der Natur hineintragen, um die Arbeitswelt menschlicher zu gestalten. Das Maisgelb lässt an ein reifes Kornfeld im Sommer denken, wenn die ersten Blätter sprießen, und zwischen den Blättern kann man den Himmel sehen.“[4]

Der Schlüssel des Erfolges war also nicht die Auswahl einer Einzelfarbe, sondern die Umsetzung mittels eines Farbkonzeptes (Abb. 2.1 und 2.2).[5]

Fazit: Als Erfolgsfaktor für die Wirkung auf die Wohlbefindlichkeit ist ganz klar die Auswahl der Farben mit einem passenden Konzept zu erwähnen.

[4]Militzer, H. (2010), S. 79 f.

[5]Vgl.Trautwein, K. (2018), S. 131.

Abb. 2.2 Die Novocain-Werkshalle mit freundlicher Farbgebung

2.2 Maßnahmen im Innenbereich: Natur und Kunst

Stress hat einen negativen Einfluss auf die Gesundheit, aber Kontakt mit der natürlichen Umwelt kann die Auswirkungen von Stress reduzieren. Des Weiteren können der Blutdruck und der Herzschlag reguliert und die positive Einstellung und das allgemeine Glücklichsein der Menschen verbessert werden.[6] Ein Blick auf die Auswirkungen für klinische Patientenresultate zeigt ähnliche Erkenntnisse. Patienten mit der Aussicht auf Bäume und/oder Wasser waren während der postoperativen Phase signifikant weniger ängstlich als andere Patienten und litten weniger an schweren Schmerzen bzw. wechselten schneller als andere Gruppen von starken zu moderateren Schmerzmitteln.[7] Diese Erkenntnisse lassen sich auch auf industrielle Herstellungsorte übertragen.

Die Planer der Firma Merckle beispielsweise nutzten ihren Standortvorteil, die Herstellung in eine stark begrünte Umgebung zu platzieren. Der Vorteil der Fenstersicht besteht in der visuellen Verbindung zur Natur, die das mentale Engagement und die Aufmerksamkeit der Mitarbeiter verbessern kann. Wie die Abb. 2.3 zeigt, geht der Blick des

[6] Vgl. Aldwin, C. M. (2007).
[7] Vgl. Ulrich, R. S. (1984).

Abb. 2.3 Wenn es der Prozess zulässt, kann der Operator den Blick ins Grüne genießen (Merckle)

Operators unweigerlich ins Grüne. Auch bei wartender Tätigkeit besteht so die Möglichkeit, Wohlbefindlichkeit zu erzeugen.

Statt eines Fensterblicks ist substanziell auch der Blick auf ein Objekt, also Bilder oder Fotos, möglich. Die Objekte sollten hinsichtlich der Motive allgemein entspannend wirken und entsprechend dimensioniert an die gewählte Wand montiert werden. Als weitere Variante kommt ein „beleuchtetes Bild" infrage, das als Hintergrundmotiv den dort arbeitenden Mitarbeitern sowie Besuchern, Auditoren und Gästen ein gutes Gefühl vermitteln kann.[8] Als Ort dienen jegliche Produktionsräume sowie Sozialräume (Abb. 2.4 und 2.5).

Salingaros wertete verschiedene Studien zu Stress reduzierenden Umgebungen aus, die herausgefunden hatten, dass der menschliche Organismus besonders positiv auf fraktale Erscheinungsformen reagiert, also auf Reihungen selbstähnlicher Strukturen. Den größten Effekt mit einer Stressreduktion von 44 % zeigt dabei nach Salingaros ein

[8]Vgl. Abschn. 5.5.

Abb. 2.4 Fototapete bei Seegmüller Darmstadt, „Urlaubsszene in der Toskana“

mittlerer Wert der fraktalen Dimension, wie er auch bei Schneeflocken, Küstenlinien, Pflanzen oder Adersystemen vorkommt.[9]

Auf die positiven Auswirkungen der Natur auf die menschliche Gesundheit heben auch Kellert et al. ab.[10] Sie bündelten Erkenntnisse aus Neurowissenschaften und Biologie in ihrer Theorie des biophilen Designs, um diese praktisch nutzbar zu machen. Von der Natur inspirierte Architektur und Innenausstattung gestattet es, physischen Stress zu reduzieren und Arbeitsplätze zu lebenswerten, produktiven und gesunden Orten zu machen. Dazu gehört auch biophil designte Kunst, sie erzeugt einen Kontrast zur gewohnten Arbeitsumgebung und regt dazu an, innezuhalten und die Welt aus einem anderen Blickwinkel zu sehen. Das Ziel ist, mit Kunst das Auge, den Körper und den Geist kurzzeitig zu entspannen.

Aus diesem Grund entschied sich die Fa. Merckle dafür, in der Fertigung von Produkten, die unter Reinheitsklassen hergestellt werden, für die Mitarbeiter Kunst aus der nahen Umgebung zu zeigen. Um das Handling entsprechend der Reinraumbestimmungen

[9]Vgl. Salingaros (2012).

[10]Vgl. Kellert, S. R. et al. 2013.

Abb. 2.5 Fototapete bei Seegmüller Darmstadt, „Erikafelder in Norddeutschland“

einzuhalten, wurden neue GMP-gerechte Vitrinen konstruiert und verbaut. In Glaskästen, die den üblichen Bedingungen von Reinraum-Equipment entsprechen, wurden die Kunstgegenstände, überwiegend Gemälde, platziert (Abb. 2.6).

Diskutiert wurde auch der kreative Vorschlag von Carpus & Partner, bodentiefe Fenster einzubauen, der dann jedoch aus rationalen Gründen des Arbeitsschutzes verworfen wurde (Abb. 2.7).

Die Etablierung dieser firmeneigenen „Galerie“ eröffnet auch noch weitere Möglichkeiten. Es könnte zum Beispiel ein firmeneigener Wettbewerb mit Bildern oder Fotos der Mitarbeiter ins Leben gerufen werden. Dies erhöht die Anerkennung, das „Wir-Gefühl“ u. a. Mit diesen Objekten wäre auch die Form einer Wechselausstellung denkbar.[11]

Fazit: In diesem Fall sind die Investitionskosten für die Kunst und deren „Unterbringung“ aufzuwenden, was aber im Vergleich zu den dann zu erwartenden rückläufigen Krankenständen und verminderter Fluktuation als rechenbares Projekt für die wahre Wertschätzung der Mitarbeiter einzustufen ist.

[11]Siehe Abschn. 5.3.2.

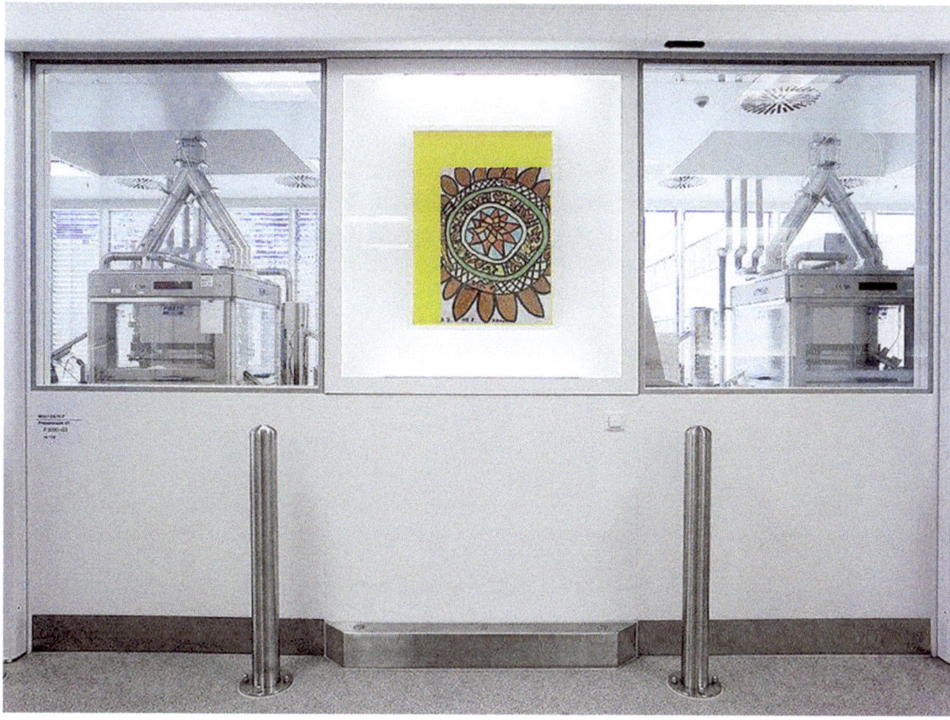

Abb. 2.6 Einbringen von Kunst in den Reinraumbereichen bei Merckle

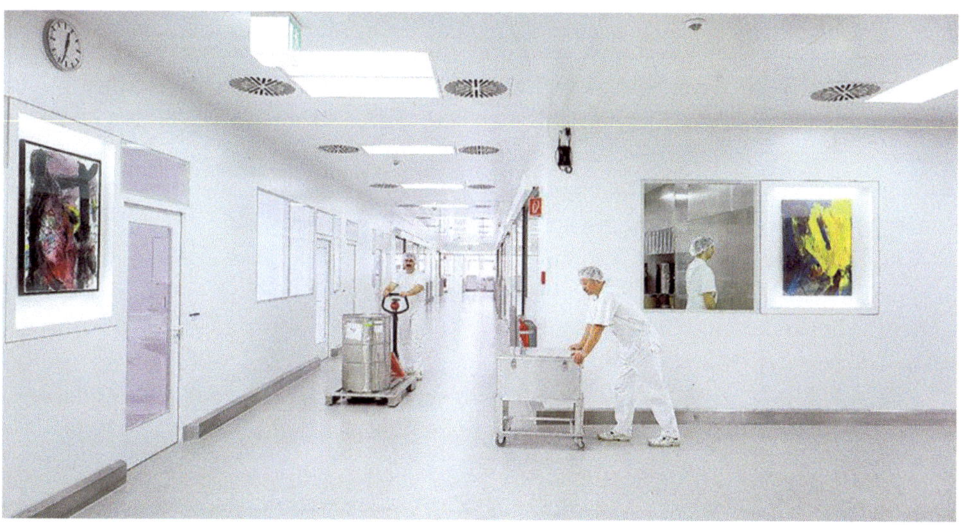

Abb. 2.7 Einbringen von Kunst in den Reinraumbereichen bei Merckle

Abb. 2.8 Sitzgelegenheit am tageslichtspendenden Atrium

2.3 Maßnahmen bei Architektur und Sozialräumen

Öffentliche Räume stehen nicht nur der Kommunikation, sondern auch weiteren sozialen Funktionen zur Verfügung. Sehr viele Unternehmungen haben einen öffentlichen Raum, um zum einen für externe Besucher offen zu sein oder aber internen Kollegen und z. B. ihren Kindern, die noch keinen Zutritt haben, das Werk vorzustellen. Die Firma Novartis besticht dabei als generelle Maßnahme mit einem Masterplan und breit angelegten Konzepten. In die gleiche Richtung agiert auch Merck in Darmstadt.

Aussagekräftige Architektur bestimmt das Leitbild des Masterplans von Novartis.[12] Aber nicht nur in der Allokation und Außenarchitektur beweist Novartis eine gute Hand, sondern auch hinsichtlich der Innenarchitektur und mit Kunst. Im Novartis-Campus in Basel ist der offene Umgang mit Kunst gewünscht,[13] mit dem das gleiche Ziel verfolgt wird wie bei Merckle, das Wohlfühlgefühl der Mitarbeiter zu verbessern und „kommunikatives Arbeiten und intensiven Informationsaustausch“[14] zu fördern (Abb. 2.8 und 2.9).

[12]Vgl. Novartis (2009), S. 106.

[13]Vgl. Novartis (2009), S. 104.

[14]Vgl. Novartis (2009), S. 106.

Abb. 2.9 Atriumsbau

Daran lässt sich der Umfang dieses Themas ableiten und die Bedeutung der Wohlbefindlichkeit aufzeigen. Jedoch sind diese Maßnahmen meist punktuell und nicht als Konzept angelegt. Anders bei einem aktuellen Projekt, nämlich der Gründung einer Wohlfühl-Universität. Die sieben Universitäten in Köln, Birmingham (Großbritannien), Florenz (Italien), Leiden (Niederlande), Linnaeus (Schweden), Nantes (Frankreich) und Semmelweis (Ungarn) gründeten die „European University for Well-Being" (EUniWell). Ziel der Partnerschaft ist es, ein Umfeld zu fördern, „in dem sowohl die Europäerinnen und Europäer als auch ihre globalen Nachbarn bestens ausgebildet, sozial engagiert, gesund, inklusiv und in Vielfalt leben können". Unter dem Konzept des „Well-Being" verstehen die Universitäten Lebensqualität und Wohlbefinden,[15] mithin also genau die zwei Parameter, um die es geht, wenn von Wohlbefindlichkeitsfaktoren die Rede ist.

Fazit

Zur Verschönerung und unter psychologischen Maßgaben wurden auch bei Novartis überwiegend singuläre Maßnahmen pro Anwendungsort realisiert. Diese Einzelmaßnahmen

[15] Vgl. Blazekovic, J. v. (2020).

verbessern natürlich auch das Wohlbefinden. Jedoch mit dem Wissen um andere Faktoren fällt es nicht schwer, Wohlfühlkonzepte je nach Anforderung zusammenzustellen. Diese Einzelmaßnahmen fordern regelrecht die Erarbeitung eines Konzeptes bzw. Masterplanes, der die möglichen Maßnahmen aus den unterschiedlichen Branchen bzw. Bereichen und der jeweiligen Projektphase zeigt und der auch die Bürogebäude einbezieht.

Literatur

Aldwin, C. M. (2007), Stress, coping, and development – An integrative perspective, Guilford, New York.

Blazekovic, J. v. (2020), Unis gründen Netzwerk für das Wohlleben, Sozial, Gesund und Inklusiv, in: Frankfurter Allgemeine Zeitung, 08.02.2020,

Garnier, F.-E. v. (1997), Meine farbigere Welt – Ein ganz unsachliches Sachbuch, Verlag Matthias Ess, Bad Kreuzbach.

Kellert, S. R., Heerwagen, J., Mador, M. (2013), Biophilic Design, The Theory, Science and Practice of Bringing Buildings to Life, John Wiley, New York, S. 3–20.

Militzer, H. (2010), Der Novocain-Betrieb, Geschichte und Geschichten, Hoechst AG, Aventis, Frankfurt am Main.

Novartis (2009), Novartis Campus, Hatje Cantz Verlag, Ostfildern.

Salingaros, N. A. (2012), Fractal Art and Architecture Reduce Physiological Stress, in: Journal of Biourbanism 2/2012, S. 11–28.

Trautwein, K. (2018), Farbkonzepte für Arbeitsplätze, in: Seiferlein, W., Kohlert, C., Die vernetzten gesundheitsrelevanten Faktoren für Bürogebäude, Springer Vieweg, Wiesbaden, S. 102–114.

Ulrich, R. S. (1984), View through a window may influence recovery from surgery, in: Science 224(647), S. 420–421.

3 Blick in die Praxis: Interviews und Literaturrecherche

Das Ziel dieses Buchs ist es, in unterschiedlichen Branchen und Bereichen noch unbekannte Wohlbefindlichkeitsfaktoren zu evaluieren und daraus eine breit aufgestellte „Sollmatrix" zu generieren. Dazu wurden größtenteils Interviews oder Diskussionsrunden mit den entsprechenden Branchenvertretern durchgeführt. Wo keine Interviewpartner gefunden werden konnten, stammen die Erkenntnisse aus der Literaturrecherche und Vor-Ort-Begehungen. Die Wohlbefindlichkeitsfaktoren wurden in den folgenden Bereichen ermittelt:

- Büro-/Laborbau
- Hotellerie
- Einkaufszentrum
- Kreuzfahrtschiff
- Bahn
- Dienstleister
  - Banksektor
  - Flughafen
- Stadtplanung
- Garten(-anlagen)

Es ist zunächst anzunehmen, dass die ermittelten Wohlbefindlichkeitsfaktoren auch auf Menschen anderer Bereiche und Branchen anwendbar sind. Dies ist jedoch eine nicht bestätigte Annahme. Da aber die Wohlbefindlichkeitsfaktoren im Wesentlichen durch den Menschen geprägt sind, dürften die jeweiligen Reize auf jeden Menschen wirken, obgleich die Art der Tätigkeiten unterschiedlich ist. Für die industrielle Herstellung müssten bestehende Faktoren auf ihre Anwendbarkeit geprüft und ggf. neue Faktoren ergänzt werden.

W. Seiferlein, *Wohlbefindlichkeitsfaktoren für verschiedene Branchen*,
https://doi.org/10.1007/978-3-658-31007-3_3

Den Interviews lag ein Leitfaden an Fragen zugrunde, die die wesentlichen Interessengebiete der Untersuchung abdeckten:

- Was ist für Sie ein Wohlbefindlichkeitsfaktor?
- Wie ermitteln Sie die Wohlbefindlichkeitsfaktoren?
- Gibt es Statistiken über die Wirksamkeit der Faktoren bei den Nutzern?
- Konnten Sie auf Vorbilder zurückgreifen?
- Wie berücksichtigen Sie die Wohlbefindlichkeitsfaktoren in der Planung?
- War die Beteiligung an der Vorplanung auf einen oder mehrere Mitarbeiter ausgelegt?
- Ist das Planungsteam interdisziplinär ausgerichtet?
- Werden auch strukturierte Lösungsfindungsprozesse wie Mind Map, Brainstorming oder Programming angewendet?
- Binden Sie zur Umsetzung der Wohlbefindlichkeitsfaktoren Spezialisten ein?
- Mit welchem Ergebnis rechnen Sie (zufriedene Kunden und Mitarbeiter, geringerer Krankenstand u. a.)?

In den nachfolgenden Aufzeichnungen der Interviews wurden die Fragen (F) vom Autor gestellt, die Antworten (A) stammen von dem jeweiligen Experten. Am Ende jedes Kapitels werden jeweils die wichtigsten Punkte zusammengefasst und die neu hinzugekommenen Wohlbefindlichkeitsfaktoren aufgelistet.

3.1 Büro- und Laborbau

Die wissenschaftliche Untersuchung auf Wohlbefindlichkeitsfaktoren ist im Büro- und Laborbau am weitesten fortgeschritten. Im Folgenden sind die relevanten Faktoren aufgelistet, die sich aus der Untersuchung in diesem Bereich ergaben.[1]

Bedarfsgerechte Gebäudetechnik, Layout der Bürobereiche
Die Räume sollten durch Materialien, Oberflächen, Farben, Licht und Aussicht beruhigend wirken. Ausreichend Platz, die sichere Zugänglichkeit der Räumlichkeiten und Arbeitsmittel, Gelegenheiten zum Wechsel zwischen Stehen und Sitzen, genügend Stauraum für die persönlichen Dinge und nachhaltige Materialien fördern die Wohlbefindlichkeit.

Adäquate Büroeinrichtung
Die Büromöbel für den Arbeitsplatz, das Mobiliar für die unterschiedlichen Bereiche von Zusammenarbeit und Austausch, Konzentration und Erholung sowie die IT-Ausstattung sollten ein ansprechendes Design haben, intuitiv zu bedienen sein und ergonomischen

[1] Vgl. Seiferlein, W. und Kohlert, C. (2018).

Gesichtspunkten folgen. Dies unterstützt verschiedene Größen, Bedürfnisse und Vorlieben und ermöglicht Bewegung und Kommunikation am Arbeitsplatz.

Work-Life-Balance
Um ein Gleichgewicht zwischen den persönlichen Interessen und Bedürfnissen der Beschäftigten und den strategischen Zielen des Unternehmens zu erreichen, müssen beide Seiten an einem Strang ziehen und gemeinsam eine Vision der Unternehmenskultur entwickeln, die auf gegenseitiger Wertschätzung, offener Kommunikation und Führung mit Vertrauen basiert. Dies kann durch ein professionelles Change Management und die Entwicklung eines Employers & Company Alignments geschehen.

Individuelle Wahrnehmungen
Unmittelbar am eigenen Körper spürbar und darum direkt auf das Wohlbefinden einwirkend sind die Faktoren von Luft, Lärm, Licht und Leib, die als die 4L® zusammengefasst werden können:[2]

- Ist die **Luft** zu kühl oder zu warm, zu trocken oder zu feucht, fühlen wir uns unwohl, auch ein leichter Zug wird als unangenehm empfunden.
- **Lärm** stört die Konzentration, dagegen kann eine moderate Geräuschkulisse oder Hintergrundmusik die Entspannung fördern.
- Das **Licht** am Arbeitsplatz sollte nicht blenden, weder zu hell noch zu dunkel und individuell schaltbar sein. Sinnvoll ist, die Beleuchtung in ein Farbkonzept einzubinden.
- Der Faktor **Leib** umfasst alle mit dem Essen und Trinken zusammenhängenden Dinge.

Farbkonzept
Farben im Licht machen die gegenständliche Welt für uns sichtbar. Die Abstimmung der Farben im Raum auf das Lichtkonzept ist darum eine wichtige Voraussetzung für die Gestaltung von angenehmen Arbeitsumgebungen. Man sieht Helles zuerst, darum sind die Orte und Flächen, die am meisten Aufmerksamkeit erlangen sollen, hell zu gestalten.

Medizinische Aspekte
Hygiene, Sauberkeit, Arbeitsschutz und gesundheitsfördernde Maßnahmen tragen zum Wohle aller bei und können helfen, den Krankenstand zu reduzieren. Dazu gehören die regelmäßige Reinigung des Büros und der Arbeitsmittel, die Schaffung von Bewegungsmöglichkeiten am Arbeitsplatz oder die Unterstützung sportlicher Aktivitäten. Als neuester Trend gelten Haustiere in der Arbeitsumgebung.

---

[2]Vgl. Seiferlein, W. und Kohlert, C. (2018), S. 31 ff.

Fazit
Im Büro- und Laborbau sind die Wohlbefindlichkeitsfaktoren bereits sehr gut erforscht, deshalb können sie als Grundlage für die weitere Ermittlung der Faktoren aus anderen Bereichen und Branchen dienen.

Wohlbefindlichkeitsfaktoren aus dem Bereich Büro- und Laborbau

- Architektur: Funktionales Raum-Layout
- Ergonomie: Adäquates Mobiliar, Büromöbel, IT-Ausstattung
- Work-Life-Balance: Gegenseitige Vereinbarung, Wertschätzung, Employers & Company Alignment, Change Management
- Wahrnehmung: Luft, Licht, Lärm/Musik, Leib (4L®), Farbkonzept
- Natur: Tiere
- Gesundheit: Hygiene/Allergien, Qualität, Bewegung

3.2 Hotellerie

Bei einer durch das Fraunhofer Institut durchgeführten Studie, der „Future Hotel Gastbefragung", wurden ca. 3.380 Hotelgäste im DACH-Markt befragt, um die funktionalen nutzerbezogenen Anforderungen an ein Hotel wie Ausstattungsmerkmale, individuelle Hotelzimmerauswahl etc. zu erhalten.[3] Dies diente dem Erkenntnisgewinn über die Bedarfslage unterschiedlicher Zielgruppen und als Basis für eine bedarfsgerechte Erarbeitung sinnvoller Lösungen für die Branche. Zahlreiche Hotelbetreiber unterschiedlicher Qualitätsstufen und Standorte, die aufgrund mangelnder Ressourcen nicht für ein Interview zur Verfügung standen, bestätigten dem Autor dieses Buches das Arbeiten mit Wohlbefindlichkeitsfaktoren. Diese wurden früher jedoch anders benannt und nicht systematisch aufbereitet in Maßnahmen umgesetzt.

Das für das Interview ausgewählte Hotel gehört zu einer Hotelkette, die Anfang der 1980er Jahre gegründet wurde und sich anfangs auf die wichtigsten Urlaubsdestinationen Spaniens konzentrierte. Zum Unternehmen gehören derzeit über 60 Hotels in 20 Reisezielen mit insgesamt mehr als 17.000 Betten, was es zu einem der zehn größten Hotelunternehmen Spaniens macht. Der Großteil der Hotelimmobilien befindet sich im Besitz der Hotelkette. Das Unternehmen legt Wert darauf, kundenorientierte Serviceleistungen anzubieten, die ständig an die aktuellen Bedürfnisse der Gäste angepasst werden, um ihnen einen hochwertigen Aufenthalt zu garantieren. Die kontinuierliche Umsetzung von hohen Qualitätsstandards im täglichen Handeln ist in einem zertifizierten Qualitätsmanagementsystem, das bereits mehrfach ausgezeichnet wurde, niedergelegt und integriert Prävention, Sicherheit und Nachhaltigkeit. Die Führungskräfte, Geschäftsführer und Mitarbeiter der Hotels sowie alle Kunden, Partner und Lieferanten haben diesen Ethik-Kodex zu befolgen.

[3] Vgl. Borkmann, V. et al. (2013).

Abb. 3.1 Anlage in der Gesamtansicht

Das Interview wurde mit dem Manager des Hotels geführt, das anonym bleiben möchte (Abb. 3.1).

(F): Augenscheinlich ist das Hotel nicht nur äußerlich, sondern auch prozesstechnisch gut in Schuss, was sind die Gründe dafür?

(A): Das Management hat frühzeitig erkannt, dass eine systematische Qualitätsverbesserung von höchster Bedeutung ist. Als Beweis unserer Aktivitäten wurde uns u. a. die international anerkannte Zertifizierung ISO 9001:2015 verliehen

(F): Sind im Rahmen der Qualitätsaktivitäten auch die Wohlbefindlichkeitsfaktoren involviert?

(A): Ja, da fallen mir recht hotelspezifische Faktoren ein, wie Größe des Balkons, Länge x Breite des Bettes, Qualität der Matratze usw. (Abb. 3.2 und 3.3).

(F): Wie definieren Sie passende Wohlbefindlichkeitsfaktoren?

(A): Solche Faktoren sind in einem Standard beschrieben, der für alle Standorte verbindlich gültig ist. Das umfasst konkret neben übergeordneten Wohlbefindlichkeiten, wie gut ausgebildetes, kompetentes und freundliches Personal, das Planen von Gartenbereichen mit vielen Palmen, gut gepflegten Wasserspielen

Abb. 3.2 Licht

wie Springbrunnen, Wasserfällen u. a und natürlich mit vielen Grünpflanzen im gesamten Anlagenbereich. Weitere Faktoren sind Düfte, Hintergrundmusik und Wasserspiele. Düfte und Gerüche haben einen größeren Einfluss auf uns, als wir denken. Die Erkenntnisse aus den Neurowissenschaften bestätigen, dass Düfte direkt das limbische System beeinflussen – und damit Gefühle und Gedächtnis. „Düfte berühren und entdecken Erinnerungen."[4] Zudem werden Düfte zur Erhöhung des Kundenkreises eingesetzt. Darum kommen bei uns auf allen öffentlichen Flächen bereits Düfte zum Einsatz. Die Hintergrundmusik schafft eine bestimmte Atmosphäre, im Restaurant z. B. lädt die Musik zum Verweilen oder auch zum Verlassen des Restaurants ein (Abb. 3.4).

(F): Hotels mit vielen Wohlbefindlichkeitsfaktoren sind wahrscheinlich unbezahlbar, können Sie das bestätigen?

(A): Mit größerer Nachfrage und steigender Stückzahl werden solche Faktoren über die Zeit preiswerter. Diesen Effekt beobachtet man auch oft in der Wirtschaft.

[4]Vgl. Tran, Q. (2019), S. 55.

Abb. 3.3 Luft

Ein weiteres Argument ist, dass man von den identifizierten Faktoren eine Auswahl selektieren muss, die zu einem feinen, ausgeklügelten Konzept gewoben ist. Es wird dann einfacher sein, auf die individuellen Wünsche des Gastes einzugehen, wenn die visuellen Proportionen, Akustik (Musik), Temperatur, Licht und Geruch perfekt aufeinander abgestimmt sind (Abb. 3.5).

(F): Wie ist der Ablauf einer Projektplanung?

(A): Am einfachsten sind interne Projekte, die i. d. R. mit Budgetgeldern finanziert werden. Es werden je nach Thema und Bedarf die relevanten Ressourcen und Funktionen zur Genehmigung gebracht. Die übliche Besetzung des Projektteams ist, je nach Themenbereich, der Technische Dienst, die operative Gastbetreuung, das Management u. a. Das Projektteam ist bewusst mit interdisziplinären Mitgliedern besetzt. Handelt es sich bei einem Projekt um höhere Investitionen, so ist die globale Abteilung mit einem Architekten und Bauingenieur beteiligt (Abb. 3.6).

Abb. 3.4 Ort der Stille

Fazit

Bemerkenswert ist die konsequente Umsetzung der Qualitätsrichtlinien und die Einbindung eines strukturierten Farb-, Akustik- und Kommunikationskonzepts. Als Wissensgewinn hat sich ein vitales Ergebnis ergeben. Zudem kann der Frage nachgegangen werden, welche Einflussfaktoren auf die Erholung von Gästen einwirken.

Wohlbefindlichkeitsfaktoren aus dem Bereich Hotellerie

Neu hinzugekommene Faktoren sind fett markiert.

- Natur: **Pflanzen, Wasser**
- Wahrnehmung: Licht, Luft, Lärm/Musik **(Akustikkonzept)**, Leib (4L®), Farbkonzept, **Düfte**
- Gesundheit: Hygiene, Bewegung, **Ort der Ruhe**
- Ergonomie: Adäquates Mobiliar
- **Kommunikationskonzept** (Gäste, Mitarbeiter u. a.)
- Work-Life-Balance: Wertschätzung

Abb. 3.5 Musik – direkt oder als Hintergrundmusik

Abb. 3.6 Eine Möglichkeit für Sport und Spiel

3.3 Einkaufszentrum

Zu diesem Bereich konnte kein Interviewpartner gefunden werden, darum wurde für dieses Kapitel auf die Fachliteratur zum Thema zurückgegriffen.[5]

Als Erfolgsfaktoren für Einkaufszentren sind nach Lange folgende Punkte zu berücksichtigen:[6]

1. Lage und Erreichbarkeit
   Einzugsgebiet, Verkehrsanbindung, Konkurrenz, Zielgruppen
2. Architektur und Innenausstattung
   Städtebauliche und architektonische Form, innere Erschließung, Klima und Beleuchtung, Design und Dekoration, Stellplätze
3. Anker und Satelliten
   Bedeutung von Ankern und Satelliten, Wirtschaftlichkeit von Ankern und Satelliten, Mietniveaus
4. Branchenmix und Kopplungspotenzial
   Clustern von produktverwandten Läden, Kopplungspotenzial von Läden und Branchen, optimale Anordnung von Läden und Branchen, Zeitmanagement

Für die Identifizierung der Wohlbefindlichkeitsfaktoren sind vor allem die Aspekte von Architektur und Innenausstattung sowie von Lage und Erreichbarkeit von Bedeutung.

Beleuchtung
Eine angenehme Beleuchtung erhöht das Wohlgefühl, besonders wenn ein warmes Licht und indirekte Beleuchtung verwendet wird, da „blaues“ Licht und direkte Bestrahlung aggressiv und wenig einladend wirken.

Klima
Das Klima, also das optimale Verhältnis von Temperatur, Luftfeuchtigkeit und Luftgeschwindigkeit, ist ein Qualitätskriterium für ein Einkaufszentrum und beeinflusst die Wohlbefindlichkeit der sich in ihm aufhaltenden Menschen. Um dies empirisch zu belegen, ermittelte eine Untersuchung in den USA die Entfernung und die Zeit, die ein gesunder Mensch bei unterschiedlichen klimatischen Bedingungen noch laufen will. Das Ergebnis verdeutlicht den signifikanten Einfluss des Klimas auf die Laufbereitschaft und Verweildauer der Kunden, denn sie waren bereit, in einem klimatisierten Einkaufszentrum viermal länger und weiter zu gehen als in einer nicht überdachten Einkaufsstraße.

---

[5] Vgl. insbesondere Lange, C. (2009) und daneben Bastian, A. (1999), Franke, M. (2007), Gruen, V. und Smith, L. (1960).

[6] Vgl. Lange, C. (2009), S. 59 ff.

Inneneinrichtung und Dekoration
Für Einkaufszentren mit höherer Ausstattung werden, wie bei Bürowelten, die Punkte Inneneinrichtung und Dekoration wichtige Parameter sein, um ihre Attraktivität beim Kunden zu steigern. Dazu bedarf es eines Konzepts, das unterschiedliche Zielgruppen anspricht und einer Corporate Identity folgt. Die gesamte Einrichtung von der Gestaltung des Bodens, der Handläufe, der Beschilderung und der Shopfronts bis hin zu besonderen Installationen (z. B. Brunnen, Licht, Mosaike) muss darauf abgestimmt sein.

Es besteht in der Fachwelt Einigkeit darüber, dass die Atmosphäre sowie der Erlebnisfaktor für anspruchsvolle Einkaufzentren bedeutsam ist, weil viele Kunden nicht einfach nur lebensnotwendige Güter einkaufen, sondern das Einkaufen als Freizeitbeschäftigung praktizieren. Durch ein schlüssiges Gesamtkonzept von Architektur, Inneneinrichtung und Dekoration gewinnt jedes Einkaufszentrum seinen ganz eigenen, in sich stimmigen Charakter und kommuniziert ein bestimmtes Image, das die gesuchten Zielgruppen ansprechen, ihre Verweildauer erhöhen und die Wahrscheinlichkeit von gezielten und spontanen Einkäufen maximieren soll.

Stellplätze
Der Punkt der Bereitstellung von Stellplatzanlagen ist heute valide und muss als Erfolgsfaktor für das Wohlbefindlichkeit der Mitarbeiter und Kunden berücksichtigt werden, obgleich auch mittelfristig mit neuen Mobilitätsangeboten zu rechnen ist. In Zukunft werden sich die Mobilität und das Statusdenken verändern. So geht der Trend weg vom eigenen Automobil hin zum öffentlichen Verkehr, der auch Car Sharing umfasst, aber auch E-Mobility und Fahrräder werden an Bedeutung gewinnen. Ein gutes Beispiel sind die skandinavischen Länder, die bereits vor 20 Jahren solche Systeme implementiert haben.

Stellplatzanlagen für Autos sind erforderlich für Einkaufszentren außerhalb der Städte, denn diese leben vom Autoverkehr, aber auch für Einkaufszentren in der Innenstadt, denn das Parkplatzangebot ist dort in der Regel begrenzt.

Die Bedeutung von Stellplatzanlagen zeigte u. a. ein Vergleich von Erfolgsfaktoren im Einzelhandel, in dem Parkplätze als das wichtigste Kriterium genannt wurden. An zweiter Stelle rangierte das Kriterium Erreichbarkeit, erst an dritter Stelle wurden die Faktoren Branchenmix, Angebotsvielfalt etc. genannt.

Wohlbefindlichkeitsfaktoren aus dem Bereich Einkaufszentrum
Neu hinzugekommene Faktoren sind fett markiert.

- Architektur: Funktionales Raum-Layout, ein **Parkplatz** für jedes Fahrzeug der Mitarbeiter und Kunden
- Wahrnehmung: Luft, Licht, Lärm (4L®)

3.4 Ideenzug

> „Das Mobilitätsverhalten der Pendler in Deutschland verändert sich rasant. Fahrgäste erwarten Komfort und Individualität und wollen ihre Zeit sinnvoll nutzen. […] Fahrzeuge müssen massenverkehrstauglich und hoch zuverlässig sein, zugleich aber auch komfortabel und individuell.“[7]

In die Entwicklung des Ideenzugs sind viele Wünsche der Fahrgäste an Services im Zug und an die Gestaltung einer Wohlfühlatmosphäre im Fahrgastraum eingeflossen. Der Entwicklung einer Wohlfühlatmosphäre kommt im Ideenzug eine besondere Rolle zu, denn nur so wird das Ziel des Projekts erreicht, dass sich die Fahrgäste in den Zügen rundum sicher und wohl fühlen.

Das Interview wurde mit Herrn Carsten Hutzler geführt, einem der Projektleiter des Ideenzugs der Deutschen Bahn.

(F): Wie wurde das Projekt geboren?

(A): Der Kickoff zu dem Projekt fand mit der renommierten Münchner Design-Agentur Neomind statt. Zusammen mit dem Innovationslabor d.lab der Deutschen Bahn, der DB-Regio-Tochter Südostbayernbahn (SOB) und mit der Bayerischen Eisenbahngesellschaft wurden kreative und komfortable Ideen und Themenwelten entworfen, die das Bahnfahren im Nahverkehr der Zukunft noch besser machen sollen. Als erstes wurden Recherchen zu aktuellen Trends und Befragungen der Kunden durchgeführt. Die Ergebnisse wurden zusammengetragen und ausgewertet. In regelmäßigen Abständen fanden Workshops des DB-Projektteams gemeinsam mit Kunden statt, in denen die große Menge an unterschiedlichen Ideen verfeinert und weitergedacht wurde. Auch die Zielgruppen wurden gemeinsam definiert.

(F): Wie wurden die Zielgruppen definiert?

(A): Der Fokus bei der Ausgestaltung der Produkt- und Servicewelten des Ideenzugs liegt auf Personengruppen wie Pendlern, Familien, Studenten und Senioren. Natürlich wurde der Kundenbeirat, der die Sichtweisen der Kunden vertritt, ebenfalls mit ins Boot respektive in den Zug geholt.

(F): Gab es für die Integration der Wohlbefindlichkeitsfaktoren ein Vorbild?

(A): Nein, ein Vorbild in der Art gab und gibt es nicht. Aus dem Bürobau, vor allem der Möbelindustrie, gibt es kreative Denkanstöße, die adaptiert übernommen werden konnten. Was jedoch wichtig ist, dass man sich noch schärfer zu anderen Verkehrsträgern abgrenzt (Abb. 3.7).

---

[7] Deutsche Bahn AG (2017), S. 1.

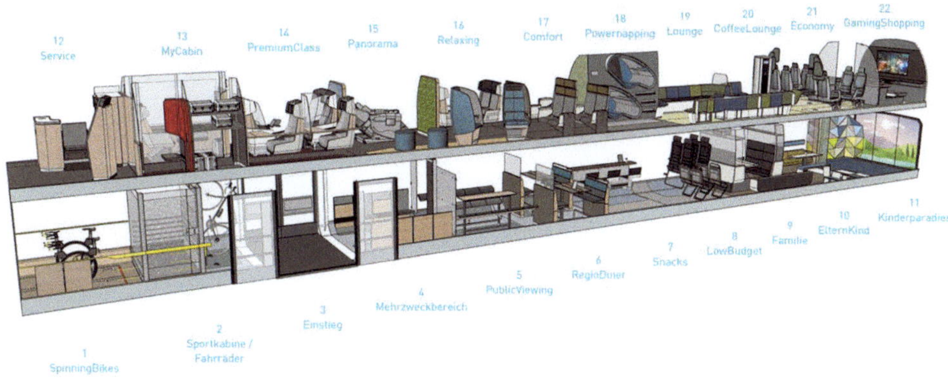

Abb. 3.7 Innenraum des Ideenzugs

(F): Welche Funktion haben die Wohlbefindlichkeitsfaktoren?

(A): Die Wohlbefindlichkeit wird in unserem Projekt als Wohlfühl-Atmosphäre bezeichnet. Diese Beschreibung trifft die gewünschte emotionale Ebene besser.

Die Bahnkunden wünschten sich beispielsweise ein Sportstudio, eine Einzelkabine für entspanntes Arbeiten, eine Lounge für Gruppenreisen oder speziell für Familien ein Kinderparadies. Insgesamt wurden 22 Themengebiete mit folgenden Inhalten entwickelt:

- Catering- und Snack-Bereich
- Familienbereich mit separater Spielecke
- MyCabine für den Rückzug in die Ruhe oder ins Private
- Relaxing mit Sesseln zum (fast) Liegen
- Comfortsitze z. B. für das Arbeiten
- Lounge-Bereich für mehrere Personen bzw. Gruppen
- Spinning Bikes für sportliche Aktivitäten
- Public Viewing, um mit anderen Reisenden z. B. Fußball schauen oder sich mit Informationen versorgen zu können (Abb. 3.8).

(F): Wurden zur Erfassung der Nutzeranforderungen bestimmte Methoden benutzt?

(A): Durch Brainstorming und Kreativ-Workshops wurden alle denkbaren Nutzungsmöglichkeiten, Funktionen und Produkte für Zuginnenräume zusammengetragen, konkreten Kundengruppen (z. B. Pendlern) zugeordnet und mit deren Bedürfnissen abgeglichen (Abb. 3.9, 3.10, 3.11 und 3.12).

Abb. 3.8 Power-Napping-Bereich im Interieur integriert

Abb. 3.9 Der Komfortbereich bietet bequeme Sitze

Abb. 3.10 „Steh-Sitz“

Konstruktive Verbesserungen, die erwähnenswert sind

- **„Steh-Sitz“**
  Durch seine Konstruktion wird im Stehen/Sitzen weniger Fläche verbraucht
- **„Wechsel-Sitz“**
  Durch das Schwenken der Rückenlehne kann z. B. im linken Bereich ein Vierer-Sitz (Vis-a-Vis) und rechts ein Zweierplatz entstehen.
- **„Power-Napping-Modul“**
  Es ist sehr „einfach“ im Design und in der Ausführung, die zweckmäßig und bequem wirkt. Nur das Einsteigen muss noch komfortabler werden.

Wohlbefindlichkeitsfaktoren aus dem Bereich Ideenzug
Neu hinzugekommene Faktoren sind fett markiert.

- Ergonomie: Adäquates Mobiliar
- Gesundheit: Ort der Ruhe, **Power-Napping, Sport** beim Arbeiten
- Kommunikation: **Informale Kommunikation** (Public Viewing), Kommunikationskonzept

Abb. 3.11 „Wechsel-Sitz"

3.5 Kreuzfahrtschiffe

Allgemeines zur Meyer Werft

Die in Papenburg ansässige Meyer Werft wurde 1795 gegründet und befindet sich in siebter Generation im Familienbesitz. Bekannt ist das Unternehmen heute vor allem durch den Bau großer, moderner und anspruchsvoller Kreuzfahrtschiffe, mit dem es im Jahre 1985 mit dem Bau der Homeric startete – also fast 200 Jahre nach seiner Gründung.

Die Planung und der Bau eines Passagier- und Kreuzfahrtschiffes ist ein technisch und logistisch überaus anspruchsvolles Großprojekt. Die Meyer Werft versteht den Schiffsbau als moderne Industrie, die bewährtes Wissen und neue Technologien in einem Produkt zusammenführt und dabei technische und operative Sicherheit bietet. Die Kreuzfahrtschiffe sind somit Plattformen für zukunftsweisende touristische Konzepte. Etablierte Reedereien aus der ganzen Welt geben bei der Meyer Werft neue Ozeanriesen

Abb. 3.12 Ein für den Ideenzug räumlich angepasster, Schall absorbierender Sessel

in Auftrag.[8] In Papenburg, in Rostock auf der Neptun Werft und in Turku auf der Werft Meyer Turku werden in enger Zusammenarbeit innovative Kreuzfahrtschiffe, Fähren und Flusskreuzfahrtschiffe gebaut. Mit dem entsprechenden Know-how in Sachen Technik und Ingenieurskunst entstehen Luxusliner, die allerhöchsten Ansprüchen genügen. Computergestützte Technologien für Design, Planung, Konstruktion und Fertigung sind dabei heute in alle Arbeitsprozesse integriert.

Das Interview wurde mit Herrn Lars Kruse geführt, Leiter des Sales and Design Departments (Abb. 3.13).

Identifizierung der Wohlbefindlichkeitsfaktoren

Statt von Wohlbefindlichkeitsfaktoren spricht man im Schiffsbau häufig von der Behaglichkeit oder dem Ambiente (ambient control). Bei TUI Cruises ist das Wort „Wohlfühl-Faktor" mittlerweile ein fester Begriff und bedeutet letztendlich, dass die Passagiere mit Spaß und Freude zu erfüllen sind.

[8] Vgl. Meyer Werft (2020).

Abb. 3.13 Die Schiffe der Meyer Werft

Mit der Erstellung von Nutzeranforderungen sind die wichtigsten und formalen Planungsvorgaben erfüllt. Um das Wissen über die Nutzeranforderungen zu maximieren, wird oft ein erfahrener und künftiger Nutzer (Passenger Consultant) in diesen Planungsschritt einbezogen.

In der frühen Phase der Planung werden alle Informationen gesammelt und in den Prozess integriert. Das Planungsteam entscheidet gemeinsam über die Parameter für Behaglichkeit oder das Ambiente, also die Wohlbefindlichkeitsfaktoren.

Im Team erarbeitete Dokumente fördern das Zusammengehörigkeitsgefühl. Die Zusammensetzung des Teams sollte breit und interdisziplinär besetzt werden. Ein Bauherren-Vertreter der Werft steht dem Team zur Verfügung. Zudem ist ein Architekt von Bauherrenseite im Team zugegen.

Die unterschiedlichen Wohlbefindlichkeitsfaktoren

In der Kreuzschifffahrt gibt es, verglichen mit anderen Branchen und Bereichen, eine erstaunlich hohe Zahl an Wohlbefindlichkeitsfaktoren, die sich grob in schiffsspezifische und allgemeingültige einteilen lassen. Schiffsbezogene Faktoren haben ihren Ursprung meist in technischen Gegebenheiten, wie nicht gewollte Gerüche oder Vibrationen, deren Herkunft oft nicht bekannt ist. Die allgemeingültigen Faktoren sind an dieser Stelle interessanter und stärker im Fokus, weil sie auch auf andere Branchen und Bereiche anwendbar sind. Nahezu alle Faktoren besitzen allgemeingültigen Charakter.

Der Sicherheitsaspekt ist sehr bedeutsam, auch hier sind die Faktoren unterscheidbar in schiffsbezogene und allgemeingültige.

Der Wohlbefindlichkeitsfaktor der geistigen Betätigung stellt einen neuen Faktor dar. Auf vielen Kreuzfahrschiffen gibt es eine Bibliothek mit „echten Büchern“. Dieser Ort strahlt Gemütlichkeit aus und lädt zum Schmökern der Buchauswahlliste ein. Neben Büchern können auch Brettspiele wie Monopoly, Schach oder Scrabble ausgeliehen werden.

Wohlbefindlichkeitsfaktoren aus dem Bereich Kreuzfahrtschiffe
Neu hinzugekommene Faktoren sind fett markiert.

- Gesundheit: Hygiene, **Sicherheit** (z. B. Brandschutz), Sport- und Wellnessangebote (breites Entertainmentangebot, Kids Club), **geistige Betätigung**
- Architektur: Funktionales Raum-Layout (schöne Kabinen = Hotelzimmer)
- Wahrnehmung: Lärm, Leib (gutes, gesundes Essen)
- Natur: **Meer**

3.6 Dienstleister

Zum Thema Dienstleister wurden zwei Unternehmungen befragt, zum einen die Sparkasse Dieburg und zum anderen die Fraport im Frankfurter Flughafen.

3.6.1 Sparkassenfiliale

Die Sparkasse Dieburg eröffnete im Juni 2019 eine „Wohlfühl-Filiale“, mit der die Vorstellung einer Geschäftsstelle der Zukunft als ein Ort, der Begegnungen ermöglicht und der den Kunden vertraut ist, umgesetzt wurde.

Das Interview wurde mit Herrn Florijan Blazevic geführt, Centerleiter der neuen Filiale der Sparkasse Dieburg.

(F): Was war der Grund und das Ziel dieses Projektes?

(A): Das primäre Ziel war die anstehende Zusammenlegung zweier Geschäftsstellen in Dieburg. Ferner die „eingefahrenen Prozesse“ zu analysieren und zu optimieren, die durch interne und interdisziplinäre Teams jeweils auf den Prüfstand gebracht wurden. Diese räumliche Veränderung hat dazu geführt, eine neue und neutrale Bürofläche zu schaffen, d. h. zwei separate Standorte zu einem Standort zu formen. Zudem war das Ziel, die Zufriedenheit der Kunden, aber auch der Mitarbeiter zu erhöhen und gleichzeitig die Fluktuation und Krankheitsrate zu minimieren.

(F): Gab es ein Vorbild für den Bau dieser Wohlfühl-Filiale?

(A): Vorreiter in Sachen „Wohlfühl-Sparkassenfilialen“ ist die Sparkasse Hamburg. Durch das vorhandene Netzwerk konnten wir das Prinzip der Implementierung von „Wohlfühl-Faktoren“ abfragen.

(F): Wie waren die Teams zusammengesetzt und erhielten Sie aufgrund der intensiveren Planungstiefe und -länge Unterstützung vom Top-Management, auch in finanzieller Hinsicht?

(A): Die Dauer der Vorplanungsphase lag bei 9 Monaten, das ist ein Indiz für eine ordentliche und allumfassende Vorplanung. Die Beteiligung daran war freiwillig. Mit der Belegschaft wurden Teams gebildet, die quer durch die Hierarchien, Altersgruppen und Geschlechter besetzt waren, außerdem wurde ein Projektleiter benannt. In Hamburg wurden auch die Kunden in die Planungsteams einbezogen.

Bei der Vorplanung wurden auch strukturierte Lösungsfindungsprozesse angewendet, das gab uns die Chance, nutzergerecht und anwenderbezogen zu denken. Ferner wurde mit der Innenarchitektin Verena Pankoke das Change Management durchgeführt. Die Projektbeteiligten waren sehr engagiert, was auf eine gute und offene Einstellung der Mitarbeiter und auf die Güte des durchgeführten Change Managements zurückzuführen ist.

Das gesamte Projekt kostete 750.000 € bei einer Fläche von 450 m^2 mit ca. 14 Mitarbeitern (plus 1–2 Auszubildenden). Es startete mit der Vorplanung Mitte 2016 und wurde im Frühjahr 2019 beendet.

(F): Was sind die wichtigsten Attribute in Bezug auf den Kunden?

(A): Es war ein Stück harte Arbeit, die wesentlichen Attribute abzustimmen und sich darauf zu einigen. Letztendlich haben wir uns auf folgende Attribute festgelegt:

- Vertrauen
- Gemeinschaft
- Hilfsbereitschaft

Eine weitere Herausforderung war das Identifizieren der Faktoren zur Wohlbefindlichkeit (Abb. 3.14).

Ziel war die Einbindung und Findung einer guten Nachbarschaftsbeziehung, zum Beispiel der „Nachbartisch“ mit kostenlosem Kaffee, Tee, Wasser, Zeitungen und Zeitschriften. Zudem wird eine Wechsel-Kunstausstellung organisiert.

Die Nachbarn respektive Kunden können sich auch in Rückzugsecken setzen und lesen oder auch nur „chillen“ (Abb. 3.15).

Gemäß dem Konzept wurden zwei Büro-Segmente definiert, zum einen die öffentliche Fläche, in der Mitarbeiter und Kunde sich austauschen können, zum anderen die Fläche, die ausschließlich für die Mitarbeiter geplant wurde (Abb. 3.16).

Fazit

Die Fläche ist sehr gut an die Nutzer (Mitarbeiter und Kunden) angepasst. Die Wohlbefindlichkeit bei den Mitarbeitern ist gestiegen, was eine interne Befragung ergab.

Abb. 3.14 Kommunikationsknoten: der Nachbartisch

Wohlbefindlichkeitsfaktoren aus dem Bereich Dienstleister – Sparkassenfiliale
Neu hinzugekommene Faktoren sind fett markiert.

- Architektur: Funktionales Raum-Layout
- Gesundheit: Ort der Ruhe
- Work-Life-Balance: Change Management, Wertschätzung
- Kommunikation: **Konstruktive Maßnahmen,** informale Kommunikation, Kommunikationskonzept (Gemeinschaft)

3.6.2 Fraport

„Die Fraport AG gehört zu den international führenden Unternehmen im Airport-Business und ist an 30 Flughäfen auf vier Kontinenten aktiv. Der Konzern erwirtschaftete in 2018 bei 3,48 Milliarden Euro Umsatz ein Jahresergebnis von rund 506 Millionen Euro. 2018 nutzten insgesamt mehr als 176 Millionen Passagiere die Flughäfen mit einem Fraport-Anteil von mehr als 50 Prozent. […] Am Heimatstandort Frankfurt begrüßte Fraport im Jahr 2019 mehr

Abb. 3.15 Rückzugsmöglichkeit

> als 70,5 Millionen Passagiere und schlug ein Cargo-Volumen von rund 2,1 Millionen Tonnen um. […] Die Airport-City Frankfurt ist darüber hinaus mit annähernd 81.000 Beschäftigten in etwa 450 Unternehmen die größte lokale Arbeitsstätte in Deutschland […]. Damit ist der Flughafen Frankfurt in der Mitte Europas eines der bedeutendsten Luftverkehrsdrehkreuze der Welt und wichtige Infrastruktur für den Wirtschaftsstandort Deutschland."[9]

Das Interview wurde mit Herrn Patrick Schäfer, Leiter Immobilienmanagement Fraport, geführt. Die Befragung bezieht sich auf Verwaltungsgebäude und Lounges.

(F): Das Kerngeschäft der Fraport ist ein großes Aufgabengebiet, wie würden Sie das umschreiben?

(A): Aktuell arbeiten wir vor allem an zwei Themen – das im Bau befindliche Terminal 3 sowie die Weiterentwicklung der bestehenden Terminals, insbesondere in Bezug auf die Flughafenlounges. Als weltweit aktiver Flughafenbetreiber können wir dabei auf langjährige Erfahrungswerte zurückgreifen. Im Fokus stehen dabei stets das Passagiererlebnis und Wohlbefinden.

[9]Fraport AG (o. J.).

Abb. 3.16 Arbeitsfläche für Mitarbeiter nach dem Shared-Desk-Prinzip

Aktuell entsteht mit Terminal 3 im Süden des Frankfurt Airports eines der größten Infrastrukturprojekte Europas. Das neue Gebäude wird mit einem attraktiven Wohlfühlkonzept punkten: Von einer großflächigen Glasfassade über ansprechende Ruhezonen bis hin zu speziellen Lichtinstallationen als Wegführung und Stimmungsmacher (Abb. 3.17).

Aber auch in den Bestandsterminals arbeiten wir stetig an der Modernisierung und Verbesserung unserer Infrastruktur. So bieten wir unseren Passagieren seit 2017 ein Terminalhotel im Terminal 1 an. Fluggäste können dort im Transitbereich des Flughafens übernachten, ohne den Sicherheitsbereich zu verlassen. Die Zimmer sind gezielt auf die Bedürfnisse von Fluggästen mit kurzer Aufenthaltsdauer abgestimmt. Gäste können die Zimmer flexibel buchen, egal ob für wenige Stunden zum „Power Napping" oder für eine komplette Nacht.

Als weiteres Komfortangebot können Fluggäste ihre Wartezeit vor dem Abflug auch in einer der Flughafenlounges verbringen. Es gibt mehrere Lounges, die unabhängig von Fluggesellschaft und Buchungsklasse allen Passagieren zur Verfügung stehen (Abb. 3.18 und 3.19).

Abb. 3.17 Entspannung mit Aussicht

Abb. 3.18 Die LuxxLounge auf dem Terminal 1 des Frankfurter Flughafens

Abb. 3.19 Die Sky Lounge auf dem Terminal 1 des Frankfurter Flughafens

Anmerkung des Autors: Die Lounges sind im Hinblick auf Wohlbefindlichkeitsfaktoren als eher „alltäglich" bzw. wenig innovativ zu bezeichnen. Nach dem heutigen Wissensstand sollten bei den Lounges folgende Wohlbefindlichkeitsfaktoren überdacht werden:

- Sport beim Relaxen (Tischfußballspiel, Tischtennis)
- Power-Napping
- Farben
- Pflanzen
- Ruhezonen, kommunikative Zonen
- Hintergrundmusik
- Wassergeräusche
- Gesundes Bauen (Deckenhöhe).

(F): Was ist für Sie ein Wohlbefindlichkeitsfaktor?

(A): Pflanzen und Möbel gehören ganz klar zu den klassischen Wohlbefindlichkeitsfaktoren. Auch die Akustik und das Farbkonzept sind bestimmende Elemente in der Raumgestaltung.

(F): Wie haben Sie die Wohlfühlfaktoren ermittelt?

(A): Viele Faktoren haben wir basierend auf unseren eigenen Erfahrungswerten entwickelt. Gleichzeitig sind wir Teil eines guten Netzwerks mit anderen Dienstleistern und können darüber neue Impulse einholen. Auch sind wir regelmäßig mit Firmen, die neue Flächen beziehen, im Austausch, um von deren Erfahrungen zu profitieren.

(F): Wer forciert die Berücksichtigung der Wohlbefindlichkeitsfaktoren?
(A): Bei der Vorplanung sind alle Bereiche vertreten, von Architekten bis hin zu den Kolleginnen und Kollegen der Raum- und Möblierungsplanung. Damit ist gewährleistet, dass alle Aspekte berücksichtigt werden. Das vorgenannte Team beschließt dann gemeinschaftlich die relevanten Wohlbefindlichkeitsfaktoren.

(F): Wurden auch strukturierte Lösungsfindungsprozesse angewendet wie Mind Map, Brainstorming, Programming usw.?
(A): Tools wie Mind Map sind inzwischen Bestandteile unserer täglichen Arbeit. So wenden wir bei Problemstellungen immer häufiger agile Methoden wie Design Thinking oder Scrum an. Der Vorteil von interdisziplinären Teams liegt dabei klar auf der Hand. Wir profitieren von einer Vielfalt an unterschiedlichen Perspektiven und können voneinander lernen.

(F): Sind die Kosten höher als bei einem konventionellen Projekt?
(A): Auch wenn die Kosten für die Ausstattung des Raumes mit innovativer Technik höher sein können, zahlt sich diese Investition dank der Konformität mit den Nutzeranforderungen und der besseren Leistung wieder aus.

(F): Mit welchem „Gewinn" rechnen Sie?
(A): Unser Ziel sind natürlich zufriedene Kunden, aber Wohlbefindlichkeitsfaktoren lassen auch bei den Mitarbeitern die spezifischen Kennwerte, z. B. die Fluktuationsrate und geringere Krankenstände, gut ausfallen. Zudem wird ein Leistungsschub erwartet.

Fazit
Lounges zu errichten bzw. zu revitalisieren stellt meistens einen wichtigen Baustein für die Kundenzufriedenheit dar und kann mehrheitlich als erheblicher Erfolgsfaktor bezeichnet werden. Um die Akzeptanz der Lounges bei der Kundschaft zu erreichen, müssen das Konzept und das Design häufiger erneuert werden. Die Ausführung sollte sich weg von der Konformität bewegen, das erhöht den Bekanntheitsgrad, weil darüber gesprochen und geschrieben wird.

Da das Dienstleistungsprofil sehr weit gefasst ist, kann eine breite Range an Wohlbefindlichkeitsfaktoren benannt werden.

Wohlfühlfaktoren aus dem Bereich Dienstleister – Flughafen

- Architektur: Funktionales Raum-Layout
- Wahrnehmung: Akustikkonzept, Licht- und Farbkonzept
- Natur: Pflanzen
- Gesundheit: Ruhezonen, Power Napping

3.7 Städtebau

Auch im Umfeld von Gebäuden existieren Faktoren, die die Wohlbefindlichkeit beeinflussen. Hier stehen vor allem Fragen hinsichtlich der Architektur und der Farbwahl bei der Fassadengestaltung im Vordergrund, es gibt aber auch andere Faktoren, warum wir uns in einer Stadt wohlfühlen.

Das Interview wurde mit Frau Professor Dr.-Ing. Christine Kohlert geführt, Managing Director im Projektmanagement-Büro Drees & Sommer.

(F): Welche Bedeutung hat der Begriff „Wohlbefinden"?

(A): Psychologen, Ökonomen, Philosophen und andere Sozialwissenschaftler verwenden den Begriff Wohlbefinden als Oberbegriff, um den mentalen, physischen und sozialen Zustand eines Individuums oder einer Gruppe zu beschreiben. Manchmal ist das Wohlbefinden hoch, was bedeutet, dass der Zustand des Individuums oder der Gruppe positiv ist; wenn das Wohlbefinden niedrig ist, laufen die Dinge im Allgemeinen nicht gut, und der Zustand wird als negativ bezeichnet.

Es ist wichtig, einen Unterschied zwischen dem streng körperlichen Begriff des Wohlbefindens zu machen, den ein Arzt verwenden könnte, und dem weiter gefassten Begriff, den wir hier im Zusammenhang mit dem Raum oder auch etwas spezieller mit dem Stadtraum verwenden.

Betrachtet man die unterschiedlichen Faktoren, wann man sich als Mensch wohl fühlt, so hat das ganz viel mit dem Thema Wertschätzung zu tun, aber auch mit Motivation und Kreativität und nicht zuletzt mit einem positiven Umfeld, in dem er sich bewegt. Dieses Umfeld meint natürlich nicht nur die Wirkung eines Gebäudes im Innern, sondern auch die Ausstrahlung der gebauten Umgebung von außen betrachtet sowie auch das gesamte städtebauliche Umfeld und darüber hinaus Grünanlagen und Natur im Allgemeinen.

(F): Welche Faktoren beeinflussen die Wohlbefindlichkeit?

(A): Die Umwelt spielt dabei eine wichtige Rolle für das Wohlbefinden des Menschen. Die Psychologen James K. McNulty und Frank D. Fincham haben 2012 die Idee geäußert, dass das Wohlbefinden „nicht allein durch die psychologischen Eigenschaften der Menschen bestimmt wird, sondern gemeinsam durch das Zusammenspiel dieser Eigenschaften und Qualitäten des sozialen Umfelds der Menschen."[10]

[10]McNulty, J. K. und Fincham, F. D. (2012), S. 101–110.

Besonders Natur und Freiräume spielen hier eine wichtige Rolle. Wie sich kreatives Denken anregen lässt, untersuchten 1989 die Umweltpsychologen Rachel und Stephen Kaplan in ihrer Attention Restoration Theory (ART). Sie fanden heraus, dass sich Menschen, nachdem sie sich in der Natur aufgehalten hatten, besser konzentrieren konnten. Sie postulierten, dass das, was sie die „weichen Faktoren“ der natürlichen Umwelt nannten – raschelndes Laub und fließende Bäche und ziehende Wolken – eine Art „mühelose Aufmerksamkeit“ schafft, die den Ideenfluss wesentlich verbessert. Während man mit der Natur „kommuniziert“, fühlt man sich befreit von Stress und negativen Gedanken und hat das Gefühl, hier kann man frei denken, kreativ sein und sich wohlfühlen.[11]

(F): Gibt es auch Einflüsse in den geplanten architektonischen Elementen?

(A): Auch Innenhöfe, Freiräume zwischen Gebäuden oder Atrien können eine ähnliche Wirkung entfalten. Das British Museum im Londoner Stadtteil Bloomsbury zeichnet sich nicht nur durch riesige Ausstellungen mit rund 8 Mio. Werken aus allen Kontinenten aus, es ist auch für seine Architektur berühmt, nicht zuletzt für seinen Great Court mit dem beeindruckenden Glasdach von Norman Foster. Gedacht als neuer Eingang zum Museum, wurde er sehr schnell zu einer Piazza, einem Platz, einem Stadtplatz – dem Indoor-Äquivalent eines großen, offenen öffentlichen Raumes, der für gemeinschaftliche Versammlungen und als Treffpunkt zum Plaudern oder Treffen genutzt wird, bevor man ins Museum geht, oder wo man einfach nur diesen schönen Raum genießt. Es ist ein geschäftiger Ort mit Geschäften und einem Café, aber für die Besucher ist das Treiben nicht störend, sie kommen, um sich zu erholen, aber auch, um dort zu arbeiten. Die bewusste Gestaltung als Eingang ist der unbewussten Nutzung als Raum gewichen, der Aspekte dessen unterstützt, was der Mensch zum kreativen Denken und zum Wohlfühlen braucht. Unterstützt wird dieses angenehme Gefühl – das Wohlfühlen – auch durch das natürliche Licht, das in den Raum flutet, und die angenehmen natürlichen Materialien. Diese Kombination von Materialien, Kurven und natürlichem Licht stellt Elemente des biophilen Designs dar, die die Natur in den Raum, auch den Stadtraum, bringen und für alle Nutzer des Raumes erlebbar sind und so eine natürliche Umgebung bieten.

(F): Können Sie hierzu ein weiteres Beispiel nennen?

(A): In Riehen, einem Vorort von Basel, leistet das Fondation Beyeler Museum etwas Ähnliches. Das Gebäude ist in einen Englischen Park eingebettet und blickt auf die Weinberge und Getreidefelder der Tüllinger Berge an den Ausläufern des Schwarzwaldes. Die Verbindung von Natur, Kunst und Architektur war ein spezifisches Ziel des Mäzens des Museums, des Kunsthändlers Ernst Beyeler,

[11] Vgl. Kaplan, R. und Kaplan, S. (1989).

der den vielfach ausgezeichneten italienischen Architekten Renzo Piano beauftragte, einen neuen Raum zu entwerfen, in dem er seine eigene Sammlung von Gemälden und Skulpturen unterbringen wollte – darunter auch ein berühmtes Werk von Monet, das sich in den großzügigen umgebenden Raum nahtlos einfügt. Die Absicht war immer, das Museum mit natürlichem Licht zu überfluten, und das helle Glasdach erlaubt dies. Durch das Glasdach, das fast schwebend wirkt, dringt natürliches Licht in jeden Raum des Museums ein. Mattiertes Glas hält Schatten von den Ausstellungsräumen fern. Ein Wintergarten mit Sitzgelegenheiten bietet Blicke ins Grüne jenseits der Museumsmauern, die durch ihre Ausdehnung in den umliegenden Park die Architektur und die Natur des Gebäudes miteinander verknüpfen. All diese Elemente tragen dazu bei, die menschliche Interaktion mit der Natur, die sowohl in jedem Raum als auch außerhalb in der räumlichen Umgebung des Gebäudes so wertvoll ist, zu vollenden.

(F): Wie bekomme ich eine gute Stimmung?

(A): Gute Stimmung zählt. Es gibt viele Untersuchungen, die zeigen, dass eine gute oder positive Stimmung das Wohlbefinden fördert und uns dabei hilft, mehr gute Ideen zu entwickeln. Wenn wir in einer besseren Stimmung sind, sind wir eher dazu geneigt, mit anderen auszukommen, vernünftig zu denken, gesünder zu sein und auch kreativ zu denken. Dies ist nicht nur ein individuelles Phänomen, sondern ein Phänomen, das auch für Gruppen von Menschen gilt.

Raum und urbaner Raum hat einen signifikanten Einfluss auf unser Wohlbefinden als Mensch, denn Raum beeinflusst uns emotional. Daher liegt es nahe, dass wir Räume, auch Stadträume, bewusst so gestalten, dass sie uns positiv beeinflussen. Wohlfühlen fördert kreatives Denken und Arbeiten, sei es allein oder mit anderen: Das bedeutet beispielsweise mehr Innovation, verbesserte Problemlösung und Entscheidungsfindung, flexibleres, gründlicheres und effizienteres Denken zu Themen, die für den Denker sinnvoll oder interessant sind, strategisches Denken, konstruktives und kooperatives Verhandeln, verstärktes Helfen und zwischenmenschliches Verständnis, konstruktive Vorschläge und verbesserte Selbsterkenntnis und vieles mehr.

(F): Existieren noch weitere Faktoren im Rahmen des Wohlfühlens?

(A): Der dänische Stadtplaner Jan Gehl ist einer der wichtigsten Verfechter für Städte für Menschen. Für ihn ist es wichtig, dass Straßen, Plätze, ganze Stadtviertel zum Wohle der Nutzer gestaltet sind. Er betrachtet Städte kleinmaßstäblich im Detail, um unwirtliche Stadtlandschaften so zu verändern, dass sie dem menschlichen Maß entsprechen und wirklich Städte für Menschen werden. Der Stadtraum muss, statt aus einem fahrenden Auto heraus oder von oben herab, mit der Geschwindigkeit eines Fußgängers erlebt werden, um sie so zu Städten für Menschen zu machen. Nur so erreichen wir Städte des Zusammenlebens für eine bessere Lebensqualität, die den Menschen in den Mittelpunkt stellt. Es geht

> immer um das Zusammenspiel zwischen der physischen Umgebung und den Aktivitäten im öffentlichen Raum. Dazu zählen auch die sozialen Aktivitäten im öffentlichen Raum, die ein wesentlicher Bestandteil für dieses Zusammenwirken sind und für die auch die richtigen Flächen, Plätze und Orte zur Verfügung stehen müssen. Erst so kann sich ein soziales Leben unterschiedlichster Aktivitäten entwickeln. In diesem Kontext spielt die Qualität der einzelnen Segmente des öffentlichen Raumes eine wichtige und ganz wesentliche Rolle. Menschen sollen das Leben im öffentlichen Raum genießen, es sollen zufällige Begegnungen unterstützt werden und Menschen wieder im Vordergrund stehen. Menschen wollen andere Menschen, das Leben, Dynamik, Lebensfreude und Verschiedenartigkeit erleben. Das Design muss dies nicht nur unterstützen, sondern wirklich generieren.

Was trägt nun zu diesem Wohlfühlen im städtischen Umfeld bei? Ein wesentlicher Faktor hierfür ist es, die Menschen anzuregen, in der Stadt zu bleiben und sich aufzuhalten. Jane Jacobs, Journalistin und Nachbarschaftsaktivistin, beobachtete schon in den 1960er Jahren, wie wichtig das Straßenbild als Wohlfühlfaktor in einer Stadt ist, sie sagte: „Wenn die Straßen einer Stadt interessant sind, dann ist auch die Stadt interessant.“

Um eine möglichst hohe Aufenthaltsqualität für eine breite und durchmischte Bevölkerung zu gewährleisten, ist es wichtig, den öffentlichen Raum aufzuwerten. Jan Gehl beschäftigt sich seit den 60er Jahren mit Qualitätskriterien wie Schutz, Behaglichkeit und Genuss als Wohlfühlfaktoren.

Schutz bedeutet eine hohe Verkehrssicherheit und Übersichtlichkeit für Fußgänger. Durch eine vielseitige Nutzung der Umgebung, wie Wohnungen, Büros, Einkaufsläden und Restaurants, sowie durch eine gute Einsehbarkeit fühlen sich Menschen geschützter und zufriedener. Überschneidende Nutzungen, gute Beleuchtung und eine lebendige Umgebung gewährleisten eine bessere Sicherheit. Auch wegen unerwünschten Einflüssen wie zum Beispiel Lärm, Gestank oder negativen Wettereinflüssen wie Regen, Schnee, Kälte und Hitze ist der Schutz ein wichtiger Faktor für gute öffentliche Räume.

Behaglichkeit bedeutet, dass gute öffentliche Räume Platz bieten für verschiedene Aktivitäten und Nutzungen. Es ist wichtig, dass sowohl aktives wie auch passives Dasein ermöglicht wird. Fußgänger sollten sich frei bewegen können, aber auch die Möglichkeit erhalten, an angenehmen Orten mit beispielsweise guten Oberflächen stehenzubleiben oder sich zu setzen. Diese attraktiven Orte erlauben es, zu beobachten, gute Ausblicke zu haben und unterschiedlichen Aktivitäten nachzugehen, auch entsprechend der Jahreszeit.

Damit die Leute ihren Aufenthalt in öffentlichen Räumen wirklich genießen können, müssen die örtlichen Vorzüge ausgenutzt werden. Ein guter öffentlicher Raum zeichnet sich dadurch aus, dass er dem menschlichen Maßstab entspricht und für Menschen gestaltet ist. Diese Orte erlauben es, die positiven Aspekte des Klimas zu genießen, sie bieten eine schöne Aussicht und bieten sinnliche Eindrücke an. Die Dimensionen der Gebäude und öffentlichen Räume sind den Menschen entsprechend gestaltet und lassen beispielsweise eine Abwechslung zwischen Sonne und Schatten und die richtige Nutzung von Kälte und Wärme zu, was für die Menschen genussvoll ist. Dazu gehört auch der Schutz vor Wind und Regen, aber auch gute Anblicke und die richtige Vegetation.

(F): Welche Relation gibt es zwischen der Farbe bei der Fassadengestaltung und dem Wohlfühlen?

(A): Es gibt ganz unterschiedliche Beispiele für Hausbemalungen und auch ganz verschiedene Gründe dafür. Sehr gelungene Graffitis findet man oft in strukturschwachen Regionen, um einerseits den Bürgern dort eine Stimme zu geben und andererseits zur Identitätsstiftung in den Stadtvierteln. Ein gutes Beispiel ist Valparaiso in Chile, die Einwohner werden dort unterstützt, bekommen auch Farbe und Sprühdosen, um ihre Häuser und Wohnungen zu gestalten und zu bemalen, teils mit Graffiti, aber auch, um ihre Häuser in verschiedenen Farben zu streichen. Ergebnis dieser Aktionen war ein wesentlich saubereres Viertel, weniger Kriminalität und zufriedenere Bewohner (Abb. 3.20 und 3.21).

Auch in unseren Breitengraden bedeuten gut gestaltete Fassaden Wertschätzung für ein Viertel, sowohl für Bewohner als auch für Besucher. Auch Kunstaktionen an Fassaden zeugen von der Wertschätzung für die Menschen, wie beispielsweise Goethe- und Schiller-Gedichte an Weimars Fassaden.

Abb. 3.20 Valparaiso, Chile, Graffiti

Abb. 3.21 Valparaiso, Chile, Hausbemalungen

Gelungene Fassadengestaltungen findet man auch in Arbeitsumgebungen, wie beispielsweise im Industriepark Höchst in Frankfurt, wo durch den Farbgestalter Friedrich Ernst von Garnier Industrieanlagen und Schlote in Pastelltönen bemalt wurden, um die Arbeitswelt angenehmer und wertschätzender für Arbeitnehmer/innen zu gestalten. Garnier lässt sich bei all seinen Entwürfen von seiner eigenen Theorie der Farbgestaltung leiten:

> „Die kreativen Kräfte einer Gesellschaft sollten viel eher die Arbeitslandschaften als die Freizeitlandschaften schön gestalten. Ein Mensch hält sich zu einem Großteil seines Lebens an seinem Arbeitsplatz auf, und es ist mein Ziel, die Arbeitslandschaft natürlich, vereinfacht und beruhigt zu gestalten. Das ist durch Farben möglich."[12]

Auch der Kunststoffhersteller Covestro in Brunsbüttel hat einen ähnlichen Weg eingeschlagen und einen Schornstein durch den Graffitikünstler Martin Heuwold gestalten lassen, um damit Gemeinschaft und Zusammenhalt auszudrücken, wie der Covestro-Leiter Patrick Thomas und der Standortleiter Steffen Kühling ausführen:

[12]Infraserv Höchst (o. J.).

> „Der Schornstein wird nicht mehr nur als Industriebau, sondern auch als Kunstwerk gesehen. Ein tolles Signal für Covestro und den Standort Brunsbüttel. [...] Die Mitarbeiter hier und auch die Menschen im Umfeld werden sich mit dem neuen Schornstein identifizieren und stolz darauf sein, weil er so bunt und vor allem einzigartig ist. [...] Viele Dinge haben sich nach der Verselbstständigung von Covestro am 1. September 2015 schon ineinandergefügt, manche müssen sich noch finden. Das Symbol des Puzzleteils setzen wir ein, wenn Zusammenarbeit, Zusammenhalt und Einheit ausgedrückt werden soll. So entstand die Idee für das Schornstein-Muster."[13]

Aber nicht nur durch Farbe kann man Wohlfühlen im Stadtraum erreichen, auch Grün zwischen und auf den Gebäuden, Grünanlagen und Aufenthaltsmöglichkeiten sind wesentliche Faktoren für eine lebendige Stadt, in der Menschen sich gern aufhalten, inspiriert und motiviert sind und gerne arbeiten (Abb. 3.22).[14]

In Mailand, im Stadtteil Porta Nuova, wurden zwei grüne Wohntürme vom Architekturbüro Boeri Studio errichtet. Zuvor befand sich hier ein Arbeiterwohnviertel. Das Zentrum der Neubebauung beließ man als Grünfläche und Naherholungsgebiet. Bei dem Projekt ging es darum, urbanen Raum möglichst gut und effektiv zu nutzen und nicht zu weit zu zersiedeln und damit auch die Biodiversität in Mailand zu verbessern. Mit der Bepflanzung der Türme wurden neue Lebens- und Nahrungsräume für Insekten und Vögel geschaffen; so können die Wohntürme als Biotope zwischen den öffentlichen Parks, den Alleen und innerstädtischen Brachflächen fungieren. Durch die Bäume und Pflanzen an der Fassade soll das Mikroklima in den Wohnungen und auf den Balkonen verbessert werden; die Pflanzen sollen Lärm, Staub und Hitze mildern. Dadurch wird die Lebensqualität der Bewohner verbessert und der Bezug zur Natur in einer städtischen Umgebung hergestellt. „Der Bosco Verticale ist ein weltweit einzigartiges architektonisches Experiment, ein Modell für die Innenstadt der Zukunft", sagt sein Architekt, der 57-jährige Stefano Boeri.[15] Diese Hochhäuser verändern das Bild der Stadt und erhöhen in positiver Weise den Wohlfühlfaktor für die Menschen. Das Grün vor den Wohnungen sorgt nicht nur für eine bessere Luftqualität, sondern dient auch als Kälte- beziehungsweise Wärmeschutz.

Für einen Stadtraum, in dem man sich wohlfühlt, gelten letztendlich ganz ähnliche Faktoren wie im Inneren von Gebäuden. Basierend auf Forschungsergebnissen kann man 6 Dimensionen für das Wohlbefinden für den Menschen definieren: Optimismus – Achtsamkeit – Authentizität – Zugehörigkeit – Bedeutung – Vitalität.[16]

Optimismus bedeutet, Freude an der Gegenwart zu wecken und Möglichkeiten für die Zukunft zu entdecken. Es geht um eine gewisse Auswahl und Kontrolle, wie und wo man

---

[13] Chemietechnik (2016).

[14] Siehe Abschn. 3.8.

[15] Nagel, B. (2014).

[16] Vgl. Kohlert, C. und Cooper, S. (2018), S. 61 und Abschn. 1.3.

Abb. 3.22 Mailand, Bosco Verticale vom Architekturbüro Boeri Studio

sich in der Stadt bewegt, um Wahlmöglichkeiten, aber auch um eine angemessene Transparenz, sodass man sieht, aber auch gesehen wird, was sich positiv auf die Sicherheit in der Stadt auswirkt.

Achtsamkeit ermöglicht es einem, im Augenblick voll präsent zu sein und seine Umgebung wahrzunehmen. Es geht darum, Stadträume zu schaffen, die den Menschen dabei helfen, sich mit anderen zu verbinden. Das sind unterschiedliche Orte, die es erlauben, Stimulationen zu kontrollieren, und die mit guten Materialien errichtet werden, die auch beruhigend auf Menschen einwirken, beispielsweise Pflanzen und wohltuende Farben und gesunde Materialien.

Authentizität bedeutet die Freiheit, zu sein, wer man möchte, das setzt aber Räume voraus, in denen man sich als Teil des Ganzen fühlt, d. h. Stadträume, in denen man sich gern aufhält und mit denen man sich identifizieren kann. Dies heißt auch informelle Bereiche mit hoher Aufenthaltsqualität.

Zugehörigkeit erlaubt es, mit anderen Menschen verbunden zu sein. Hier geht es auch darum, eine Stadt so zu gestalten, dass sie die Menschen dabei unterstützt, ihre Ziele gut zu erreichen, aber auch Orte zu finden mit guter Aufenthaltsqualität, wo man sich mit anderen treffen und austauschen kann. Auch hier ist es wieder wichtig, Entscheidungsfreiheiten und unterschiedliche Optionen zu haben, wohin und wie man sich bewegt.

Bedeutung wird gefördert durch eine Stadt, die so gestaltet ist, dass sie die Menschen in ihren Handlungen unterstützt. Förderlich für die Sinnhaftigkeit ist dabei das Erlebbarmachen von Kultur, Geschichte und Werten einer Stadt und der Gesellschaft, in der man sich bewegt. Eine Stadt benötigt Orte, an denen diese Geschichte ablesbar ist, und damit auch einen guten und gesunden Mix aus Altem und Neuem.

Vitalität benötigt die entsprechende Unterstützung durch die unterschiedlichen Stadträume. Die sensorische Stimulation sowie unterschiedliche Möglichkeiten, Natur wahrzunehmen, verschiedene Licht- und Klimaverhältnisse, beispielsweise durch Wandelgänge, und Durchblicke stimulieren den Menschen, selbst aktiv und vital zu sein.

Fazit
Gute Orte helfen den Menschen, sich selbst positiv einzubringen und damit unterstützen sie auch das eigene Wohlbefinden und tragen zu einem gesunden Miteinander und einer guten Gemeinschaft bei. Eine gute Stadtgestalt schafft Wohlbefinden für Bürger und Besucher.

Wohlfühlfaktoren aus dem Bereich Stadtplanung
Neu hinzugekommene Faktoren sind fett markiert.

- Architektur: **Gesundes Bauen und Instandhalten,** Funktionales Raum-Layout
- Work-Life-Balance: Wertschätzung der Nutzer/Bürger
- Wahrnehmung: 4L®, Farben
- Natur
- Kommunikation: Konstruktive Maßnahmen, Informale Kommunikation, Kommunikationskonzept (Wir-Gefühl)

3.8 Garten(-anlagen)

Interview mit Herrn Dr. Michael Henze, Bundesverband Garten-, Landschafts-, Sportplatzbau e. V.

(F): Sind Gärten noch modern?

(A): Die Lieblingsaktivität der Deutschen ist mit 30 % das Gärtnern, danach wird Shoppen auf Platz zwei genannt. Der Garten ist ein knappes Gut unserer Tage, denn er fordert das, was in unserer Gesellschaft am kostbarsten geworden ist: Zeit, Zuwendung und Raum. Aber eine qualitätsvolle Gartenanlage lohnt sich, denn bei einem gepflegten Garten kann eine Immobilie eine deutliche Preissteigerung erbringen.

Abb. 3.23 Der Garten als Zimmer im Freien

Der in den 60er Jahre führende Gartengestalter John Brookes sagte, dass ein Garten wie ein Zimmer im Freien sei. Gärten sind wie erweiterte Räume zu erfassen, die man ausschmücken und gestalten oder auch zur Entspannung nutzen kann.[17] Moderne Lounge-Gartenmöbel heute erinnern ja an Wohnzimmereinrichtungen mit großen Sofalandschaften oder Liegen (Abb. 3.23).

Der Garten sollte nicht nur Sonnenplätze anbieten, sondern auch Schattenplätze haben. Ohne Schatten erreicht man keine Abkühlung, das beweist die Differenz der Temperatur zwischen Stadt und Vorort oder Wald mit bis zu 10 °C. Durch die dichte Bebauung reduziert sich die Geschwindigkeit des Windes, sodass in der Stadt Wärme entsteht, die in den Häusern gespeichert und in der Nacht langsam wieder abgegeben wird.[18] Gärten oder Parkanlagen im Stadtraum können diesen Temperaturausgleich unterstützen.

Als Maß dienen neben der Temperatur auch die Luftgeschwindigkeit und Luftfeuchte. Diese drei Parameter müssen zusammen betrachtet werden, damit das Klima gut reguliert werden kann. Für frische Luft sorgen vor allem die Blätter der Pflanzen, denn diese produzieren Sauerstoff und binden CO_2.

[17] Vgl. Young, C. (2012), S. 190.

[18] Vgl. Frey, A. (2019), S. 58 f.

Abb. 3.24 Naturnaher Garten

(F): Welche Art von Gärten gibt es?

(A): Es gibt mittlerweile eine Menge von Abgrenzungen und Kombinationen, doch die zwei Hauptformen im Gartendesign sind naturbelassene Gärten und formale Gärten (Abb. 3.24).

Im naturnahen Garten sind Schmetterlinge und Hummeln, Laufkäfer und Wildbienen, Vögel und Säugetiere zu Hause, denen heimische Wildpflanzen reichlich Futter liefern. In einem naturnahen Garten werden die Beete und Wege meist in organischen Formen angelegt und mit üppigem Grün umgeben. Die Bepflanzung sollte möglichst vielfältig, blühend und trotzdem nicht wild durcheinander, sondern mit einer Grundstruktur angelegt werden. Ein abwechslungsreiches Farbenspiel schaffen zum Beispiel Rosen, Stauden und Gräser, Hortensien, Lavendel und andere Kleingehölze (Abb. 3.25).

Auch Strenge kann schön sein. Das beweisen die formalen Gärten, die mit geometrischen Formen und geradlinigen Strukturen ein Gefühl von Exklusivität, Klarheit und Harmonie schaffen. Eine ideale Verbindung gehen formale Gärten unter anderem mit den geometrisch gestalteten Häusern im Stil der klassischen Moderne ein. Wichtige Elemente formaler Gärten sind kunstvoll in Form geschnittene Gehölze. Am bekanntesten ist hier der sehr vielseitig gestaltbare Buchsbaum.

Abb. 3.25 Formaler Garten

(F): Wie haben Sie die Wohlbefindlichkeitsfaktoren für Gärten ermittelt?

(A): Viele Menschen sind vom Alltag gestresst. Wohlbefindlichkeit und sich zufrieden zu fühlen ist für viele Menschen scheinbar unerreichbar. Durch die Informationsflut am Arbeitsplatz fällt es schwer abzuschalten. Der Garten ist da ein willkommener Fluchtraum. Wenn der äußere Druck zu groß wird, ist es sinnvoll, sich zurückzuziehen und eine Art Auszeit zu nehmen. Der eigene oder mit anderen Menschen mitbenutzte Garten z. B. eines Hotels oder ein öffentlicher Park kann dann zum Ruhepol und zur Wohlfühloase werden. Japanische Untersuchungen besagen, dass wenn man sich im Grünen und im Blauen befindet, dies einen reduzierten Stresslevel zur Folge hat und Blutdruck und Pulsfrequenz sich normalisieren (Abb. 3.26).

So kann man Ruhe und Entspannung genießen sowie Kraft tanken. Ein Aufenthalt in der Natur, im Garten, in der Parkanlage oder im Wald und zwischen Feldern führt zur Erholung.

(F): Ab welcher Projektphase spielen die Wohlbefindlichkeitsfaktoren bei der Gartenplanung eine Rolle?

(A): Von Beginn der Planung an, mit der Erstellung der Nutzeranforderungen, werden die Faktoren berücksichtigt. Dazu werden die passenden Wohlbefindlichkeitsfaktoren im Planungsteam ausgewählt, das interdisziplinär zusammengesetzt sein

Abb. 3.26 Blau und Grün

sollte, neben dem Bauherrnvertreter, Architekten und den Fachleuten des Garten- und Landschaftsbaus je nach Themenlage Mediziner, Städte- und Landschaftsplaner, Soziologen, Psychologen, Physiologen u. a.

(F): Werden in der frühen Phase eines Projektes Lösungsfindungsprozesse angewandt, wie Mind Map, Brainstorming oder Programming?

(A): Generell werden Lösungsfindungsprozesse angewendet, natürlich in Abhängigkeit von Größe, Komplexität, Neuheitsgrad usw. eines Projektes.

(F): Sind die positiven Auswirkungen eines grünen Lebensumfelds auf die Gesundheit des Menschen auch messbar?

(A): Es gibt Bereiche, in denen wir bereits Statistiken betreiben. Bei den statistischen Werten zu Krankenständen, Fluktuation und Wohlbefindlichkeit kommt es zu einer deutlichen Verbesserung (Abb. 3.27).

Wohlfühlfaktoren aus dem Bereich Garten(-anlagen)

- Gesundheit: Ort der Ruhe, Motivation zur Bewegung
- Nähe zur Natur
- Wahrnehmung: Frische Luft
- Kommunikation (Steigerung sozialer Kontakte)

Abb. 3.27 Geplanter Treffpunkt auch im Gartenbereich

Literatur

Bastian, A. (1999), Erfolgsfaktoren von Einkaufszentren: Ansätze zur kundengerichteten Profilierung, Deutscher Universitäts-Verlag, Wiesbaden.

Borkmann, V., Rief, S., Iber, B. (2013), FutureHotel Gastbefragung, Fraunhofer Verlag, Stuttgart.

Chemietechnik (2016), Covestro puzzelt sich einen farbigen Schornstein, https://www.chemietechnik.de/covestro-puzzelt-sich-einen-farbigen-schornstein/ [Zugriff am 26.05.2020].

Deutsche Bahn AG (2017), Presseinformation – Mit dem Ideenzug blickt DB Regio in die Zukunft, https://www.deutschebahn.com/resource/blob/331052/71cda3aa89ed1dd0b70f4a808d9e5b15/PI-Ideenzug-data.pdf [Zugriff am 10.06.2020].

Franke, M. (2007), Lokaler Einzelhandel und Shopping-Center – Eine Betrachtung zu den Auswirkungen eines integrierten Shopping-Centers, VDM Verlag Dr. Müller, Saarbrücken.

Fraport AG (o. J.), Über uns, https://www.fraport.de/de/unternehmen/fraport/ueber-uns.html [Zugriff am 26.05.2020], Frankfurt am Main.

Frey, A. (2019), Der Sommer, die Stadt und der Klimawandel, in: Frankfurter Allgemeine Zeitung, 25.08.2019, Seite 59.

Gruen, V., Smith, L. (1960), Shopping Towns USA: The Planning of Shopping Centers, Van Nostrand Reinhold, 1960.

Infraserv GmbH & Co. Höchst KG (o. J.), Industriekultur im Industriepark Höchst, https://www.industriepark-hoechst.com/de/stp/menue/der-industriepark-hoechst/besucher/industriekultur/#notification-close [Zugriff am 26.05.2020].

Kaplan, R., Kaplan, S. (1989), The Experience of Nature: A Psychological Perspective, Cambridge University Press, Cambridge, England.

Kohlert, C., Cooper, S. (2018), Space for Creative Thinking: Design Principles for Work and Learning, Callwey, München.

Lange, C. (2009), Vertikal strukturierte Einkaufszentren in Innenstädten, Fallstudien zur gebauten Realität in Deutschland, Dissertation an der Technischen Universität Berlin.

McNulty, J. K., Fincham, F. D. (2012), Beyond Positive Psychology? Towards a Contextual View of Psychological Processes and Well-Being, in: American Psychologie, 62(2), S. 101–110.

Meyer Werft (2020), Wir sind die Meyer Werft, https://www.meyerwerft.de/de/unternehmen/wir_sind_die_meyer_werft/index.jsp [Zugriff am 26.05.2020].

Nagel, B. (2014), Dieses Hochhaus ist ein kleiner Wald, https://www.welt.de/finanzen/immobilien/article134513421/Dieses-Hochhaus-ist-ein-kleiner-Wald.html [Zugriff am 26.05.2020].

Seiferlein, W., Kohlert, C. (2018), Die vernetzten gesundheitsrelevanten Faktoren für Bürogebäude, Springer Vieweg, Wiesbaden.

Tran, Q. (2019), Stimmt die Atmosphäre?, in: Frankfurter Allgemeine Zeitung, 08.09.2019, S. 55.

Young, C. (2012), Neues Gartendesign, Dorling Kindersley, München.

4 Erstellen der Basis-Matrix

In den einzelnen Abschnitten des letzten Kapitels wurde in verschiedenen Branchen und Bereichen nach Wohlbefindlichkeitsfaktoren recherchiert. Die Ergebnisse wurden im Rahmen eines Interviews, aus der Literatur oder aus beidem ermittelt. Ferner wurden bereits umgesetzte Beispiele in die Datenquelle übernommen.

In vielen Unternehmen werden nach wie vor vielfach nur vereinzelte Maßnahmen umgesetzt, die mehr oder weniger „zufällig", also eher unstrukturiert ausgeführt werden. Was fehlt, ist das gesamte Bild oder ein Masterplan. Dieser soll nachfolgend vorgelegt werden.

In Abb. 4.1 sind alle Erfolgsfaktoren zusammengestellt, die aus der Recherche identifiziert werden konnten. Die Basisinformation entwickelte sich aus der Untersuchung der Wohlbefindlichkeitsfaktoren bei Büro- und Laborgebäuden, denen die weiteren Faktoren der anderen Branchen und Bereichen hinzugefügt wurden. Die Annahme, dass es unerheblich ist, woher die einzelnen Faktoren stammen, hat sich dabei bestätigt. Etliche der Faktoren fanden sich in mehreren Branchen bzw. Bereichen, teilweise jedoch in anderer Ausprägung oder mit unterschiedlichen Schwerpunkten. Die Wichtung der Faktoren sollte wenn möglich jeweils über eine weitere, vertiefende und empirische Forschungsaktivität ermittelt werden. Außerdem hätten manche Faktoren auch mehreren Kategorien zugeordnet werden können, aus Gründen der Übersichtlichkeit wurde darauf jedoch verzichtet.

Es wird davon ausgegangen, dass die aus den zahlreichen Untersuchungen der verschiedenen Branchen und Bereiche gewonnene Soll-Matrix zunächst vollständig zur Verfügung steht. Dies schließt nicht aus, dass in der Zukunft weitere Faktoren hinzugefügt, manche anderen Kategorien zugeordnet oder auch wieder entfernt werden. Aufgrund der vorliegenden Datenlage bieten die Faktoren die Basis für jeweils individuelle Konzepte der Wohlbefindlichkeitsfaktoren auch über die untersuchten Branchen und Bereiche hinaus.

W. Seiferlein, *Wohlbefindlichkeitsfaktoren für verschiedene Branchen*,
https://doi.org/10.1007/978-3-658-31007-3_4

Architektur	Gesundes Bauen und Instandhalten	Funktionales Raum-Layout	Ein Parkplatz für jedes Fahrzeug			
Ergonomie	Adäquates Mobiliar	Büro-und Werkstattmöbel	IT-Ausstattung			
Work-Life-Balance	Gegenseitige Vereinbarung	Employers & Company Alignment/ Change Management	Wertschätzung			
Wahrnehmung	Luft	Licht	Lärm / Musik	Leib	Farben	Düfte
Natur	Pflanzen	Wasser/ Meer	Tiere			
Kommunikation	Konstruktive Maßnahmen	Informale Kommunikation	Kommunikationskonzept			
Gesundheit	Hygiene/ Allergien	Sicherheit/ Qualität	Ort der Ruhe/ Power Napping	geistige Betätigung	Sport und Bewegung	

Abb. 4.1 Soll-Matrix der Wohlbefindlichkeitsfaktoren

Die Matrix besteht aus zwei Strahlen: Der senkrechte Strahl beschreibt die sieben Kategorien, im waagrechten Strahl sind die ihnen entsprechenden Faktoren zugeordnet.

Die einzelnen Kategorien und Faktoren entstammen jeweils folgenden Branchen bzw. Bereichen:

Architektur

- Gesund Bauen und Instandhalten: Stadtplanung
- Funktionales Raum-Layout: Büro- und Laborbau, Einkaufszentrum, Kreuzfahrtschiffe, Dienstleister, Stadtplanung
- Ein Parkplatz für jedes Fahrzeug: Einkaufszentrum

Ergonomie

- Adäquates Mobiliar: Büro- und Laborbau, Hotellerie, Ideenzug
- Büro- und Werkstattmöbel: Büro- und Laborbau
- IT-Ausstattung: Büro- und Laborbau

Work-Life-Balance

- Gegenseitige Vereinbarung: Büro- und Laborbau
- Employers & Company Alignment/Change Management: Büro- und Laborbau, Dienstleister
- Wertschätzung: Büro- und Laborbau, Hotellerie, Dienstleister, Stadtplanung

Wahrnehmung

- Luft: Büro- und Laborbau, Hotellerie, Einkaufszentrum, Stadtplanung, Garten(–anlagen)
- Licht: Büro- und Laborbau, Hotellerie, Einkaufszentrum, Dienstleister, Stadtplanung
- Lärm: Büro- und Laborbau, Hotellerie, Einkaufszentrum, Kreuzfahrtschiffe, Dienstleister, Stadtplanung
- Leib: Büro- und Laborbau, Hotellerie, Kreuzfahrtschiffe
- Farben: Büro- und Laborbau, Hotellerie, Dienstleister, Stadtplanung
- Düfte: Hotellerie

Natur

- Pflanzen: Hotellerie, Dienstleister, Stadtplanung, Garten(–anlagen)
- Wasser/Meer: Hotellerie, Kreuzfahrtschiffe, Stadtplanung, Garten(–anlagen)
- Tiere: Büro- und Laborbau

Kommunikation

- Konstruktive Maßnahmen: Dienstleister, Stadtplanung
- Informale Kommunikation: Ideenzug, Dienstleister, Stadtplanung
- Kommunikationskonzept: Hotellerie, Ideenzug, Dienstleister, Stadtplanung, Garten(–anlagen)

Gesundheit

- Hygiene/Allergien: Büro- und Laborbau, Hotellerie, Kreuzfahrtschiffe
- Sicherheit/Qualität: Büro- und Laborbau, Kreuzfahrtschiffe
- Ort der Ruhe/Power Napping: Hotellerie, Ideenzug, Dienstleister, Garten(–anlagen)
- geistige Betätigung: Kreuzfahrtschiffe
- Sport und Bewegung: Büro- und Laborbau, Hotellerie, Ideenzug, Kreuzfahrtschiffe, Garten(–anlagen)

Für die Ermittlung der individuell zu berücksichtigenden Wohlbefindlichkeitsfaktoren unter Benutzung der erarbeiteten Soll-Matrix wird der folgende Prozessablauf vorgeschlagen:

- Bildung von einem oder mehreren interdisziplinär zusammengestellten Nutzerteams. Zweckmäßig ist eine Mischung aus verschiedenen Persönlichkeiten, dabei muss jedoch auf die Anzahl der „Alphatiere" geachtet werden, um das Ergebnis nicht zu verzerren. Ergebnis: Nutzeranforderung
- Vergleich der Soll-Matrix mit der Nutzeranforderung. Ergebnis: Basis-Matrix mit passenden Wohlbefindlichkeitsfaktoren
- Fixieren der infrage kommenden Wohlbefindlichkeitsfaktoren in einem Konzept, das einen Masterplan der Realisierungsphasen enthält. Ergebnis: Ist-Matrix der Wohlbefindlichkeitsfaktoren
- Umsetzung und Nutzung der ausgewählten Wohlbefindlichkeitsfaktoren
- Review des Konzepts in einem festgelegten Rhythmus auf erforderliche Änderungen.

Erläuterung der Wohlbefindlichkeitsfaktoren

5

Um die Anwendung der Matrix zu erleichtern, wird die Soll-Matrix nachfolgend umfassend beschrieben und erklärt. Dies ermöglicht es den Anwendern, die Faktoren besser zu verstehen und nachvollziehbare und nachhaltige Entscheidungen zu treffen. An dieser Stelle sei jedoch auch erwähnt, dass die Anwendung eines Faktors weitgehend Auslegungssache ist, beispielsweise kann in der Hotellerie statt Hintergrundmusik auch eine andere akustische Beschallung wie Vogelgezwitscher angewendet werden.

5.1 Architektur

5.1.1 Gesundes Bauen und Instandhalten

Gesundheit in Immobilien ist messbar, planbar, machbar und bezahlbar. Dies ist in vielen hundert Projekten mit mehreren tausend Einheiten erfolgreich erprobt worden. Wichtigstes Kriterium ist die Belastung der Innenraumluft mit Schadstoffen, für die es offizielle Kriterien gibt. Wer bereits qualitativ gut baut und instand hält, für den ist es nur ein kurzer Weg zum geprüft gesünderen Bauen.

Neben der Frage des Luftaustausches im Raum hat die gesundheitliche Qualität der verwendeten Baustoffe, Ausstattungsmaterialien und Möbel hinsichtlich der Emission von Schadstoffen in die Raumluft eine hohe Bedeutung für die Aufenthaltsqualität.

Für die Verwendung nachhaltiger Materialien ist es sinnvoll, eine vertragliche Zielvereinbarung für definierte Schadstoffe zwischen Auftraggeber und Auftragnehmern aufzusetzen. Die Bauwerkstoffauswahl nach gesundheitlichen Kriterien sollte nach einer Beratung durch den Fachhandel bzw. qualifizierte Facharbeiter stattfinden, weil sie die Baustoffe und Verarbeitungsbedingungen kennen.

W. Seiferlein, *Wohlbefindlichkeitsfaktoren für verschiedene Branchen*,
https://doi.org/10.1007/978-3-658-31007-3_5

Die Herausforderungen für Unternehmen der Immobilienwirtschaft sind enorm. Die staatlichen Vorgaben, zum Beispiel in Sachen Energieeffizienz und Nachhaltigkeit bei Neubau und Sanierung, sind streng. Und fast täglich wird es anspruchsvoller, gleichzeitig kostengünstigen Wohnraum zu schaffen und eine angemessene Rendite zu erwirtschaften. Dabei lohnt sich eine Begriffsanalyse, denn mit der zunehmenden Aufmerksamkeit des Bauherrn auf gesundheitliche Themen werden im Marketing vermehrt Begriffe verwendet, die nicht eindeutig sind.[1]

Die Einführung neuer Technologien birgt möglicherweise ein hohes Risiko, da sie noch nicht durch regelmäßige geschäftliche Nutzung erprobt wurden und vielleicht nicht die erforderliche Funktion oder Zuverlässigkeit liefern, weshalb sie stets bewertet und definiert werden müssen. Zeit und Ressourcen sind ebenfalls zu berücksichtigende Faktoren, die gegen ein neues Gebäude zählen können.

Neubauten ermöglichen jedoch einen Quantensprung hinsichtlich der verwendeten Technologie (und des Wissens), weil sie die Schaffung eines zukunftsorientierten Gebäudeentwurfs herausfordern, in dem eine langfristige Sichtweise berücksichtigt werden kann. Es kann kostengünstiger sein, ein neues bedarfsgerechtes Gebäude zu errichten, als in Notlösungen zu investieren. Mit fortlaufender Renovierung und Anpassung an neue Technologien werden irgendwann die Grenzen der maximal möglichen Verbesserung erreicht. Wenn jedoch die Planung und das Design für einen Neubau alle verfügbaren und geeigneten neuen Technologien berücksichtigen, ist es möglich, einen Innovationssprung zu erreichen.

Diesen Ansatz setzte das Architekturbüro Grafton um, deren Neubau der Universidad de Ingeniería y Tecnología (UTEC) in Lima vom Royal Institute of British Architects 2016 als ein außergewöhnliches Beispiel für bürgerliche Architektur ausgezeichnet wurde (Abb. 5.1).

In der ausgeprägten vertikalen Struktur, die den gemäßigten Klimabedingungen in Peru entgegenkommt, bilden begrünte Terrassen mit Spalten, Überhängen und Grotten das Campusgebäude und spenden Schatten. Im Inneren entstehen durch eine Reihe von Kommunikationsplattformen und Verbindungsbrücken Begegnungsstätten mit offenen und transparenten Verkehrsflüssen. Unterrichtsräume, Labore und Büros sind geschlossen, in die Sichtbetonkonstruktion eingefügt und von dieser abgehängt (Abb. 5.2).

Dieses Konzept eines vertikalen Campus und der Mix aus offenen und geschlossenen Räumen ist äußerst unkonventionell, aber nutzt die Kommunikation dieses Gebäudes optimal, sowohl visuell als auch räumlich.

[1] Vgl. Bachmann, P. (2018), S. 139 ff..

Abb. 5.1 Fachhochschule in Lima, Peru: offen, transparent und vertikal

Abb. 5.2 Fachhochschule in Lima, Peru

Abb. 5.3 Nutzen der Höhe für zusätzliche Büros

5.1.2 Funktionales Raum-Layout

Die Gestaltung von Räumen ist für ihre Nutzer ein maßgeblicher Faktor hinsichtlich der Wohlbefindlichkeit. Interessant ist, dass die Räume für Produktionsarbeitsplätze und Büros anfänglich nicht von Architekten oder Designern, sondern überwiegend von Organisationsberatern, Ingenieuren, Mathematikern und Informatikern konzipiert wurden. Dem Architekten oblag lediglich die Umsetzung des Anforderungskatalogs.[2]

Insbesondere für gewerbliche Arbeitsplätze gilt, dass beim Bau von Büros sowohl die Fläche wirtschaftlich genutzt, aber auch prozesstechnische Anforderungen erfüllt werden können. Dies ist zum Beispiel bei Škoda in Tschechien der Fall, wo die Höhe der Werkshalle es ermöglichte, zusätzliche Büros zu bauen (Abb. 5.3).

Durch solch ein funktionales Layout lässt sich die Kommunikation verbessern, indem zum Beispiel Fachpersonal, das vorher weit entfernt von der Produktionsstätte lag, zusammengelegt wird. Ein Mechaniker oder auch Monteur ist im stationären Zustand der Linie zugeordnet. Kommt es dort zu einer Störung, können die Spezialisten schneller vor Ort sein und sie beheben.

Auch das Labor-Layout hat sich über die Zeit verändert. Wo früher eine strikte Trennung der Räumlichkeiten vorlag, findet man heute eine für die Nutzung relevante Mischung von Büro, Labor und Support.

[2]Vgl. Rumpfhuber, A. (2013), S. 49.

Die Dimensionierung der Räume beeinflusst die Art und Qualität der in ihnen verrichteten Arbeit.[3] Ist z. B. die Deckenhöhe überdurchschnittlich hoch, eignet der Raum sich für konzeptionelle Gedanken, niedrigere Räume sind ideal für konzentriertes Arbeiten.[4]

Generell sollte das Raum-Layout so ausgelegt sein, dass die sechs Dimensionen des Wohlbefindens (Optimismus, Achtsamkeit, Authentizität, Zugehörigkeitsgefühl, Bedeutsamkeit, Vitalität) unterstützt werden.[5] Dazu bedarf es einer Mischung aus offenen und geschlossenen Räumen, die die physischen, kognitiven und emotionalen Bedürfnisse der in ihnen Arbeitenden berücksichtigen. Dies kann durch ein System aus miteinander verknüpften Zonen für konzentrierte Einzelarbeit, Teamarbeit, Erholung und soziale Interaktion erreicht werden. Die Räume sollten individuell personalisiert und angepasst werden können und starre Arbeitsplatz-Standards vermeiden, indem sie das Arbeiten im Stehen, Sitzen und Gehen ermöglichen. Ein transparentes Raum-Layout lässt ein Vertrauensverhältnis entstehen, weil die Menschen sich sehen und gesehen werden können. Räume, die durch Materialien, Oberflächen, Farben, Licht und Aussicht beruhigend wirken, und Bereiche, die es den Mitarbeitern ermöglichen, selbst zu entscheiden, wie viele und welche Reize sie über ihre Sinne wahrnehmen möchten, und sich gegebenenfalls zurückziehen zu können, erhöhen die Wohlbefindlichkeit.[6]

Für eine barrierefreie Gestaltung der Räumlichkeiten – nicht nur von Arbeitsplätzen für schwerbehinderte Menschen – ist auf die Beschaffenheit der Fußböden zu achten. Sie dürfen keine Stolperstellen enthalten, müssen rutschhemmend, eben und leicht zu reinigen sein.

In den Büroräumen sollte außerdem genug Stellraum zur Verfügung stehen. Dies kann durch eine Gruppenablage in der Nähe der zugehörigen Arbeitsplätze realisiert werden. Auch eine zentrale Umkleide bzw. Garderobe mit Schließfächern als Ergänzung zu den Garderobenhaken am Arbeitsplatz und der Besuchergarderobe ist sinnvoll.

Kopiergeräte und Drucker sind aus Gründen des Lärmschutzes möglichst in separaten Kopierräumen unterzubringen. Darüber hinaus ist die Teeküche als Multifunktionsraum zu planen, in dem auch Besprechungen abgehalten und Besucher empfangen werden können, um die kommunikativen Aspekte dieses Raumes zu erhöhen.

5.1.3 Ein Parkplatz für jedes Fahrzeug

Besonders in Innenstädten ist es bislang noch nicht durchgängig üblich, den Mitarbeitern und Kunden einen Parkplatz zur Verfügung zu stellen, außerdem liegt der Fokus dabei

---

[3]Vgl. McCoy, J. M. und Evans, G. W. (2002), S. 409 ff.

[4]Vgl. Meyers-Levy, J. und Zhu, R. (2007).

[5]Vgl. Abschn. 1.3.

[6]Vgl. Steelcase (2013), S. 21 ff.

noch vermehrt auf dem motorisierten Individualverkehr. In der Smart Economy setzt sich aber zusehends ein neues Denken durch, das nicht das Auto als Produkt, sondern die Mobilität als dessen Wirkung in den Mittelpunkt stellt, also eine Mobilisierung ohne Individualisierung.[7] Dem entspricht der Trend zum Car Sharing und dem Ausbau öffentlicher Transportmittel. Dabei kommt es auch auf die Vernetzung der vorhandenen Tools und die Unterstützung der Entwicklung neuer Transportsysteme an. Nachzudenken wäre demnach über alternative Fahrradabstellanlagen mit Überdachung und ggf. einer Ladestation für E-Bikes in ausreichender Zahl und Qualität. Bei Kunden würde diese Maßnahme als Wohlfühlfaktor wahrgenommen werden.

Wenn im betrieblichen Zusammenhang für Fahrräder Abstellanlagen vorgesehen werden, wird auch bald der Wunsch nach Umkleidemöglichkeiten, Duschen und Spinden usw. aufkommen. Für die Mitarbeiter wäre das ein Ausdruck von Wertschätzung, die derzeit noch eher seltener angeboten wird.

5.2 Ergonomie

5.2.1 Adäquates Mobiliar

Ergonomische Möbel sind leicht an verschiedene Körpergrößen, Bedürfnisse und Vorlieben anzupassen und ermöglichen Bewegung am Arbeitsplatz. Hochwertiges Mobiliar funktioniert einwandfrei, ist leicht zu bedienen und hält lange. Ein modernes, helles Holzdekor und weißes Finish lenkt nicht ab und hebt die Stimmung.

Matratzen und Polster für Betten, Liegen, Lounge- und Ruhemöbel dürfen keine gesundheitsschädlichen Ausdünstungen haben, sollten ergonomisch und rückenschonend aufgebaut und an unterschiedliche Haltungen anpassbar sein. Zur Individualisierung können Stoffe und Bezüge, die generell eine möglichst angenehme Haptik aufweisen sollten, in unterschiedlichen Farben und Mustern zur Auswahl gestellt werden. Darüber hinaus existieren auch Stoffe, die die Blutzirkulation erhöhen und die Blutgefäße weiten, wodurch mehr Sauerstoff in die Zellen gelangt und man sich energiegeladener und wacher fühlt.[8]

Schränke und Ablageflächen können auch als Raumteiler genutzt werden, so bietet sich die Möglichkeit, verschiedene Bereiche schallgeschützt voneinander abzugrenzen und sie gleichzeitig zu Orten der Begegnung zu machen. Sie sollten ausreichend Platz bieten, Arbeitsmaterialien und Dokumente systematisch unterzubringen. Abschließbare Fächer sorgen für Privatsphäre und die sichere Aufbewahrung persönlicher Gegenstände.

[7] Vgl. Oetter, C. (2015).

[8] Vgl. Steelcase (2019), S. 98 ff.

5.2.2 Büro- und Werkstattmöbel

Schreibtischarbeit fordert den Körper in vielerlei Hinsicht. Das stundenlange Sitzen ohne Bewegung versteift den Halteapparat, durch konzentriertes Starren auf den Bildschirm verringern sich Lidschlagfrequenz und Tränenflüssigkeit, was die Augen austrocknet und brennen lässt, nicht individuell an den Körper anpassbares Equipment führt zu Fehlstellungen, Muskelverspannungen, Kopfschmerz und so letztendlich zu vermeidbaren Erkrankungen und Fehlzeiten.

Ein ergonomischer Drehstuhl ist höhenverstellbar, besitzt Rollen und verstellbare Armlehnen, eine horizontal und möglichst auch vertikal verstellbare Sitzfläche, die Lehne kann vertikal verschoben werden und die Härte der Rücklehnfederung ist individuell einstellbar. Der Schreibtisch ist möglichst ebenfalls höhenverstellbar und mit einem Kabelkanal ausgestattet, um die Sicherheit zu erhöhen. Stuhl und Tisch sind so einzustellen, dass beim Bedienen der Tastatur die Arme auf der Schreibtischoberfläche einen rechten Winkel zum Oberkörper bilden.

Um die Bewegungsmöglichkeiten zu erhöhen, sollten nach Möglichkeit wechselnde Arbeitspositionen angeboten werden, also stehen, sitzen und liegen.

Für die Möblierung unterschiedlicher Bereiche kommen folgende Varianten mit der entsprechenden Ausstattung infrage:[9]

- Klassische Arbeitsplatzbereiche: Steh-Sitz-Tisch, elektrisch höhenverstellbar mit Display zur Höhenangabe, um die Einstellung zu vereinfachen; Screens zur Hemmung der Schallausbreitung sowie zur Schallabsorption und als Schutz vor visuellen Störungen; ergonomischer Bürodrehstuhl
- Kurzzeit-Arbeitsplätze (Touchdown-Arbeitsplätze): elektrifizierte Lösung für bis zu maximal 8 Personen mit akustisch wirksamen Screens und gegebenenfalls Wireless Charging; ergonomische Bürodrehstühle mit intuitiv zu bedienenden Einstellungsoptionen
- Workshop-Räume: Flexible Tische, klappbar und/oder auf Rollen sowie per Plug and Play elektrifizierbar; flexible Stühle (geringes Gewicht, auf Rollen); Smartboards oder Whiteboards; Aufbewahrungsmöglichkeiten für Workshopmaterialien
- Kreativ- oder Projektflächen: Tisch in Stehhöhe; Stehbänke oder Stehhilfen; Smartboard/Monitor mit Wireless Connectivity; Whiteboard
- Ruhezonen: bequeme, ansprechende und saubere Relaxing- und Lounge-Möbel
- Cafeteria/Bistro: Abwechslungsreiche, attraktive Bestuhlung auf Gastronomieniveau; unterschiedliche Tischvarianten (verschiedene Höhen) und jeweilige Anzahl der Sitzplätze

[9] Vgl. Steelcase (2013), S. 38 ff. und Steelcase (2019), S. 58 ff.

Die Möblierung für die Belegschaft in Werkstatt oder Produktion sollte durch die Funktionen der Akteure und die Hierarchie bestimmt sein. Der Produktionsbereich besteht aus folgenden Personengruppen: Betriebsleiter, Betriebsingenieur, Meister, Operator, Mechaniker, Elektriker, Arbeiter an der Linie usw. Die Hierarchieebenen in einer Produktionsanlage bis zum Meister benötigen ein Büro, wobei hier prinzipiell jegliche Form vom Zellenbüro bis zum Kombi Office mit Shared Desk möglich ist.

Die Möbelstücke in der Produktion sind oftmals von der Art der Produktion abhängig, sodass bedarfsgerechte Sitzmöglichkeiten geschaffen werden müssen, die den unterschiedlichen Anforderungen hinsichtlich Beweglichkeit, Platzbedarf und Ergonomie standhalten. In Produktion, Handwerk und Baustelle ist bevorzugt praktisches Mobiliar aus Stahl im Einsatz.

5.2.3 IT-Ausstattung

Das Angebot an ergonomischen Tastaturen und Mäusen ist in den letzten Jahren immer umfangreicher geworden, sodass es möglich ist, die unterschiedlichsten Bedarfe hinsichtlich Handgröße und Bedieneroptionen zu decken. Für Arbeitsplätze, die nur von einer Person belegt sind, stellt diese Individualisierung kein Problem dar, bei Shared Desks müssen allerdings Kompromisse gefunden werden. Hier könnte entweder der kleinste gemeinsame Nenner bestimmend sein, oder es werden verschiedene Ausführungen beschafft, sofern mehrere dieser Arbeitsplätze einzurichten sind.

Der Bildschirm sollte möglichst horizontal und vertikal verstellbar sein und ist so zu platzieren, dass man ihn direkt betrachten kann, ohne den Oberkörper dabei drehen zu müssen. Der Monitor sollte durch einen Experten kalibriert und hinsichtlich Helligkeit und Kontrast auf die individuellen Bedürfnisse des Anwenders angepasst werden. Um die Augen zu entlasten, müssen die vorgeschriebenen Sehhilfen benutzt und wo erforderlich regelmäßig Entspannungsübungen durchgeführt werden.

Darüber hinaus sollte Equipment für eine bessere Kommunikation zur Verfügung stehen, das auch von Personen, die es nicht so häufig verwenden, intuitiv zu bedienen sein muss.

5.3 Work-Life-Balance

5.3.1 Gegenseitige Vereinbarung

In einer gegenseitigen Vereinbarung werden Verhaltensregeln des persönlichen Umgangs miteinander niedergelegt und legt beispielsweise fest, wie miteinander kommuniziert wird, welche Maßnahmen hinsichtlich der Ordnung und Sauberkeit am Arbeitsplatz einzuhalten sind oder ob und unter welchen Bedingungen ein Haustier am Arbeitsplatz erlaubt ist. Sie ist dort erforderlich, wo massive Veränderungen geplant sind. Dabei ist es wichtig, dass in diesen Vereinbarungen das Wohlbefinden der Menschen berücksichtigt wird und der verabredete Verhaltenskodex von allen Mitarbeitern vom Praktikanten bis zur Managementebene eingehalten wird.

Für das Definieren einer gegenseitigen Vereinbarung können die sechs Dimensionen des Wohlbefindens aus dem Bürobau eine Orientierung geben: Optimismus – Achtsamkeit – Authentizität – Zugehörigkeit – Bedeutung – Vitalität.[10] Letztendlich geht es darum, auch aus dem Unternehmen, in dem man arbeitet, einen lebenswerten Ort zu machen, der jedes einzelne Individuum mit seinen Bedürfnissen und Potenzialen achtet und es bei der Entfaltung seiner Möglichkeiten fördert.

5.3.2 Employers & Company Alignment/Change Management

Im Rahmen eines Employers & Company Alignments will ein Unternehmen eine neue Ausrichtung (Alignment) der Innovationsleistung und Prozessoptimierung einschlagen. Deren Umsetzung hängt von den Akteuren, also den Menschen ab. Deshalb müssen die Mitarbeiter und das Management vor der Umsetzung auf das Ziel ausgerichtet werden. Dazu gehört auch ein positives äußeres Erscheinungsbild, das neben der fachlichen Kompetenz von entscheidender Bedeutung ist. Wenn man sich jedoch von der Masse abheben will, um eine eigene Corporate Identity zu kreieren, sollte man die antiquierten Wege verlassen, um die Neuausrichtung für die Mitarbeiter und das Management, also auch die Firma nachhaltig zu manifestieren. Dazu ist es notwendig, eine stimmige Kultur und Vision zu entwickeln, die die Besonderheiten des Unternehmens und seiner Belegschaft beachtet.

Zur Erarbeitung einer Vision bedarf es eines professionellen Change-Management-Programms, mit dem die Unternehmensleitung ihre Mitarbeiter in den Prozess mit einbezieht. Die Möglichkeit zur Partizipation fördert die Akzeptanz der Mitarbeiter für die Veränderungen. Eine umfangreiche Projektkommunikation vermittelt ihnen darüber hinaus Sicherheit und integriert aktuelle Informationsbedarfe. So kann die angestrebte Unternehmenskultur über den gesamten Veränderungsprozess hinweg sowie in der Gestaltung der neuen Umgebung verankert werden.

5.3.3 Wertschätzung

Die Arbeitszufriedenheit stellt einen wesentlichen Einflussfaktor auf die physische und psychische Gesundheit von Mitarbeitern und damit den Unternehmenserfolg dar, weil sie sich in niedrigeren Krankenständen und höherer Produktivität äußert.

[10] Vgl. Steelcase (2013), S. 21 ff. und Abschn. 1.3.

Zur Arbeitszufriedenheit trägt eine Führungs- und Leistungskultur bei, die auf Wertschätzung, Respekt und qualifizierter Kommunikation fußt.[11]

Wertschätzung besteht jedoch aus mehr als Lob und Anerkennung, sondern umfasst „eine Herzens- und Geisteshaltung, die immer auch den Menschen sieht und nicht nur dessen Ertrag."[12] Dies bedeutet, dass der Wert eines Mitarbeiters sich nicht nur über seine Leistung bemessen lässt, sondern seine ganze Persönlichkeit mit seinen Fähigkeiten und auch Schwächen meint.[13]

Echte Wertschätzung zeichnet sich dadurch aus, dass sie sich direkt an die betreffende Person richtet, die sich so auch wirklich gemeint fühlen kann, und dass sie konkret benennt, welche Leistung oder Qualität anerkannt wird. Durch eine offene und respektvolle Kommunikation auf Augenhöhe, die die Meinung und den Rat des Gegenübers einholt, durch konstruktive Kritik, die Anerkennung von Bedürfnissen, Schenken von Zeit und Aufmerksamkeit, kleine Geschenke und Führung mit Vertrauen kann Wertschätzung vermittelt werden.[14]

5.4 Wahrnehmung

Unter Wahrnehmung ist alles zu verstehen, was man mit den fünf Sinnen Auge, Ohr, Tastsinn, Nase und Geschmack spürt oder bemerkt, also Reize, die von der Außenwelt Einfluss auf den Menschen nehmen. Dabei ist der visuelle Kanal mit 70–80 % am stärksten an der Verarbeitung von Informationen beteiligt.[15]

Im privaten Wohn- wie auch im gewerblichen Arbeitsbereich können die Wohlbefindlichkeitsfaktoren durch den Ausdruck 4Ls® definiert werden, die die Bereiche Luft, Licht, Lärm und Leib umfassen.[16]

Die zur Wahrnehmung gehörenden Wohlbefindlichkeitsfaktoren sind im Vergleich mit den anderen gefundenen Faktoren am kritischsten, weil die Empfindungen der Menschen sehr unterschiedlich sind.

5.4.1 Luft

Wenn es zieht, wenn es zu warm ist, wenn es zu feucht ist, wird oft sofort das Facility Management angerufen, um Abhilfe zu schaffen. Will man den Grund der berechtigten

[11] Vgl. Martin, M. und Schlipat, H. (2014), S. 4.

[12] Mai, J. (2016).

[13] Vgl. Mai, J. (2016).

[14] Vgl. Mai, J. (2016).

[15] Vgl. Seiferlein, W. und Woyczyk, R. (2017), S. 80 ff.

[16] Vgl. Seiferlein, W. und Kohlert, C. (2018), S. 31 ff.

Beschwerde erfassen, so kommt man unweigerlich auf die zahlreichen Alternativen zur Raumlufterzeugung. Egal in welche Richtung die Empfindung tendiert (zu heiß/zu kalt), es ist wichtig, bei der Korrektur der Klimaeinstellung nur moderate Ausschläge anzusteuern. Das extreme Fehlen eines Parameters wirkt sich auch auf die Gesundheit aus, z. B. hat der Einfluss von trockener Luft negative Effekte.[17]

Um diese negativen Auswirkungen zu vermeiden, ist eine effektive Steuerung der Lüftungseinrichtungen notwendig, z. B. die Fensteröffnung zur Nachtauskühlung oder in den frühen Morgenstunden.

Trockene Raumluft ist zu vermeiden, die untere Grenze der Wohlfühlzone liegt zwischen 40 und 45 % Luftfeuchtigkeit, ab 60 % Luftfeuchtigkeit steigt jedoch die Gefahr der Schimmelbildung. Die wöchentliche Reinigung der Lüftungsanlagen wirkt der Gefahr der Verkeimung entgegen.

5.4.2 Licht

Zur Vermeidung der negativen Auswirkungen falscher Beleuchtung sollte das Licht Teil eines Farbkonzeptes sein. Zu wenig Licht senkt das Level der Mobilität von Personen und ihres Gefühls, glücklich zu sein, und führt zu Krankheit und Isolation, darüber hinaus können Depressionen und Stress eintreten.[18]

Optimal für den Erhalt der Gesundheit ist ein Arbeitsplatz mit Tageslicht und Ausblick. Dynamische Lichtverhältnisse, wie sie im Verlauf eines Tages entstehen, können die Müdigkeit von Menschen verringern, die Mitarbeiter behalten ein frisches Gefühl.[19] Für die Beleuchtung von Arbeitsplätzen sollten deshalb Leuchtmittel mit an die Tageszeit angepasster Lichtfarbe (Human Dynamic Light) eingesetzt werden, das es im Bürobau bereits gibt. In der Produktion sollte geprüft werden, ob deren Einsatz eine machbare Alternative darstellt.

Generell sollte der gesamte Raum gleichmäßig beleuchtet sein, wobei das Licht individuell geschaltet werden können muss. Blendungen oder Spiegelungen durch Tageslichteinfall sind mit verstellbaren Lichtschutzvorrichtungen zu versehen, gegen starke Sonneneinstrahlung sollten Jalousien bzw. Vorhänge vorhanden sein und einwandfrei funktionieren.

Die Beleuchtung auf dem Schreibtisch sollte sich stufenweise verstellen lassen und sich seitlich zum Monitor oder direkt darüber an der Decke befinden.

[17] Vgl. Hahn, N. (2007).

[18] Vgl. Heidari, A. A. et al. (2013).

[19] Vgl. Stefani, O. (2017).

Abb. 5.4 Sound Shower zur Erzeugung von gerichteten Tonwellen

5.4.3 Lärm

Lärm gehört zu den bedeutendsten Faktoren der 4Ls®. Deshalb sollte bereits in der Planung die erforderliche Absorptionsrate für das Büro oder einen gewerblichen Arbeitsplatz mit einer guten Lärmisolierung nach innen und außen festgelegt werden. Zu berücksichtigen ist dabei, dass Geräte wie Drucker, Kopierer, Scanner, Fax, Jalousien und Klimaanlage lärmschonend sind.

In einem Großraumbüro, wo potenziell Gespräche und Diskussionen geführt werden, steigt generell der Pegel an Hintergrundgeräuschen auf mindestens 45 dB, was einen Leistungsabfall der Mitarbeiter zur Folge hat. Das Hintergrundgeräuschlevel sollte jedoch nie über 48 dB liegen.[20] Für eine professionelle Abgrenzung wurden darum bereits schon öfters sogenannte Sound Shower installiert, die zum Ziel haben, gerichtete Tonwellen zu erzeugen, die im Nachbarbereich nicht mehr hörbar sind (Abb. 5.4).

Mit der Sound Shower ist es möglich, akustisch und optisch zu den jeweils angrenzenden Arbeitsplätzen abgeschirmte multifunktionale Zonen einzurichten, welche als Ort für konzentriertes Arbeiten, bilaterale Besprechungen und Telefonate dienen.

Den Zusammenhang zwischen der Lauststärke einer Geräuschkulisse und der Kreativität untersuchten Mehta et al. und fanden heraus, dass Menschen, die moderaten Lautstärkebedingungen ausgesetzt sind, kreativere Ideen haben können als bei sehr niedriger oder sehr hoher Lautstärke.[21]

Die Untersuchung von Haapakangas et al. zeigte darüber hinaus, dass eine störende Gesprächskulisse durch definierte Hintergrundgeräusche maskiert werden kann, sich aber je nach Art der Geräusche unterschiedliche Reaktionen zeigen. So hat Vokalmusik dieselbe Wirkung wie das gesprochene Wort und lässt die Produktivität sinken. Instrumentalmusik weist mittlere Werte auf, während Laute aus der Natur wie z. B.

[20]Vgl. Roelofsen, P. (2008), S. 202 ff.

[21]Vgl. Mehta, R. et al. (2012).

von Quellwasser am besten geeignet sind, störende Gespräche in Großraumbüros zu maskieren.[22] In den verschiedensten Branchen und Bereichen wird Hintergrundmusik bereits als Erfolgsfaktor z. B. für die Kaufbereitschaft von Produkten angesehen oder zur Entspannung eingesetzt. In Großraumbüros wäre von der technischen Seite aus über die in jedem Betrieb vorhandene elektroakustische Anlage die Realisierung von Hintergrundmusik zwar möglich, Haapakangas et al. empfehlen für die Maskierung von Gesprächen jedoch konstante Geräusche.[23] Geeignete Orte für den Einsatz von Hintergrundmusik wären demnach lediglich gemeinsam genutzte Räumlichkeiten wie Treppenhaus, Foyer und Toiletten.

In einem Produktionsbetrieb dagegen ist der vorhandene Geräuschpegel durch Maschinen und Anlagenteile ohnehin oft am zulässigen Limit, sodass hier weder Hintergrundmusik noch Geräuschmaskierung eingesetzt werden können.

5.4.4 Leib

Mit dem Faktor Leib sind alle ess- und trinkbaren Dinge gemeint. Dabei stellt sich die generelle Frage, wie die Essensversorgung der Mitarbeiter gestaltet ist, d. h. ob sie aushäusig oder intern stattfindet, es also eine Kantine gibt, in der eine abwechslungsreiche, eventuell auch vegetarische/vegane Küche mit gesunden Inhaltsstoffen angeboten wird, oder ob sich in der Nähe Cafés mit einer Auswahl an gesunden Lebensmitteln befinden.

Essen und Trinken sollte bevorzugt in einem Aufenthaltsraum, einer Teeküche oder einem Multifunktionsraum stattfinden. Zum Wohlbefinden trägt es bei, wenn dort statt Schokoriegeln vielleicht auch etwas gesunde Lebensmittel wie z. B. Äpfel oder andere Früchte aus der Gegend angeboten werden. Die innerbetrieblichen Getränkestationen sollten räumlich und akustisch abgetrennt sein und unterschiedliche Getränke wie Wasser, Saft, Kaffee, Tee zur Verfügung stellen.

5.4.5 Farben

Farben im Licht machen die gegenständliche Welt für uns sichtbar. Die Abstimmung der Farben im Raum auf das Lichtkonzept ist darum eine wichtige Voraussetzung für die Gestaltung von angenehmen Arbeitsumgebungen. Man sieht Helles zuerst, darum sind die Orte und Flächen, die am meisten Aufmerksamkeit erlangen sollen, hell zu gestalten.

Am Beispiel des farbigen Anstrichs der Apparate, Rohrleitungen oder Schornsteine nach dem Konzept von Garnier zeigt sich, dass Farben ein Wohlbefindlichkeitsfaktor sind. Untersuchungen ergaben, dass man bei roten Objekten bzw. in roten Räumen ein

[22] Vgl. Haapakangas, A. et al. (2011).

[23] Vgl. Haapakangas, A. et al. (2011).

höheres Stresslevel hat als bei grünen oder weißen Raumbedingungen.[24] Ein blaues Umfeld ermöglicht es Personen, sich stärker auf eine Aufgabe zu konzentrieren, eine rote Umgebung neigt jedoch dazu, die Aufmerksamkeit von der Aufgabe abzuwenden.[25]

Mit warmen Farben werden oft Interesse, Kommunikation und Liebe, aber auch Macht und Aggression verbunden. Auf den Betrachter wirken sie aktiv, erregend und belebend. Kalte Farben hingegen vermitteln Distanz, Kühle, einen Eindruck von Denken, Frische und Vernunft. Die Wirkung kalter Farben wird oft auch als passiv, beruhigend, entspannend und erfrischend beschrieben.[26]

Grün und natürliche Materialien fördern die Stimmung und tragen zum Wohlbefinden sowie zum guten Klima bei.

Darüber hinaus haben Farben auch einen Einfluss auf unser Temperaturempfinden. In einem blaugrün gestrichenen Raum friert man schon bei 15 °C, in einem orangefarbenen hingegen erst ab 2 °C.[27]

Es ist sehr aufschlussreich, wie unterschiedlich die Wirkung von Farben definiert ist. Trautwein fordert daher, dass ein Farbkonzept erstellt werden muss, das sich durchgängig manifestiert und auch den Übergang von den Innen- zu den Außenbereichen berücksichtigt.[28]

5.4.6 Düfte

Denkt man an Industrie, Produktion oder Werkstätten, denkt man an unangenehme und zum Teil auch schädliche Gerüche, bei denen seitens des Arbeitgebers Handlungsbedarf besteht. Dieser liegt jedoch auch bei unschädlichen Gerüchen vor, die ebenfalls die Wohlbefindlichkeit angreifen.

Die Universität München hat mit der Deutschen Bahn einen Versuch durchgeführt und herausgefunden, dass in einem Regionalzug die Kundenzufriedenheit größer war, wenn ein beruhigender Duft verströmt wurde.[29]

Methoden der Geruchsbewertung sind in der Industrie Stand der Technik. Das Anwendungsspektrum reicht vom Erkennen schädlicher Ausdünstungen bis zur bewussten Beduftung von Produkten zur Erzeugung einer produktspezifischen, akzeptablen Geruchsempfindung. Die Zugabe von mehr oder minder deutlich wahrnehmbaren Duftstoffen in die Luft durch Stand-alone-Geräte im Raum ist nicht zwingend zielführend.[30]

---

[24]Vgl. Kutchma, T. M. (2003).

[25]Vgl. Stone, N. J. und English, A. J. (1998).

[26]Vgl. Nüchterlein, P. und Richter, P. G. (2008).

[27]Vgl. Braem, H. (2009)..

[28]Vgl. Trautwein, K. (2018), S. 102 ff.

[29]Vgl. Hortig, J. (2013).

[30]Vgl. senkonzept GmbH (2017)..

5.5 Natur

Mehrere Studien bestätigen einen Zusammenhang zwischen Grünräumen und der Gesundheit. Schon bei einem kurzen Kontakt mit der Natur bzw. Vegetation wie etwa in der Wildnis, den Wäldern oder Gewässern, aber auch mit städtischem Grün etwa wie in Parks, werden positive Gefühle und Stimmungen, Erholung, Wohlbefinden, Glück u. a. erzeugt und negative Gefühle einschließlich Aggression, Angst und Ärger reduziert. In einer japanischen Längsschnittstudie mit 3100 älteren Einwohnern von Tokio stieg die Überlebensrate nach 5 Jahren mit dem Umfang des Zugangs zu grünen Räumen bzw. grünen Spaziermöglichkeiten, aber auch mit der Eingebundenheit in die Gemeinde. Die Korrelation war besonders groß bei Leuten mit wenigen physischen Defiziten. Rein besiedelte Umgebungen dagegen lassen die Stimmung sinken.[31]

5.5.1 Pflanzen

Pflanzen am Arbeitsplatz und zu Hause können zur Regeneration der Kräfte beitragen. Sie mindern raumklimabedingte Beschwerden am Arbeitsplatz (allgemeines Unwohlsein, Müdigkeit, Kopfschmerzen, Haut- und Schleimhautreizungen). Die Anreicherung eines ehemals spartanischen Raumes mit Pflanzen und Grünanteil führte in der Untersuchung von Nieuwenhuis in der Tat dazu, die Produktivität um 15 % zu steigern – eine Zahl, die sich eng an die Ergebnisse früherer Laboruntersuchungen anlehnt.[32]

Luftreinigende Pflanzen nehmen nur wenig Schadstoffe über die Blätter auf, viel mehr dafür über ihre Wurzeln. Der herkömmliche Pflanzentopf besitzt eine minimale Sauerstofferzeugung. Im Gegensatz dazu ist die Alternative des AIRY-Systems mit einem einzigartigen Belüftungssystem ausgestattet, das die optimale Belüftung des Wurzelraums garantiert. Die Luft gelangt über den Kamineffekt der Lamellen an die Wurzeln. Das System kann innerhalb von 24 h bis zu 40 Kubikmeter Luft (das entspricht etwa einem Raum mit 16 Quadratmetern) reinigen. Dabei wandelt die Pflanze die Schadstoffe rückstandslos in für sie verwertbare Nährstoffe um. Die Pflanze wird dadurch achtmal leistungsfähiger als in einem herkömmlichen Topf.[33]

Ein grünes Arbeitsumfeld ist für die Mitarbeiter durchweg angenehmer, steigert die Konzentration und bewirkt so eine höhere Produktivität für Unternehmen.[34] In vielen Bereichen ist es jedoch nicht möglich, Pflanzen zu platzieren, nicht nur weil sie Wasser

---

[31] Vgl. Brämer, R. (2008), S. 5.

[32] Vgl. Nieuwenhuis, M. et al. (2014); Henn, G. und Meyhöfer, D. (2003).

[33] Vgl. AIRY Greentech GmbH (2020).

[34] Vgl. Nieuwenhuis, M. (2014).

Abb. 5.5 Zwei Pflanzen kommunizieren miteinander

und Pflege benötigen, sondern auch weil es beispielsweise im Reinraumbereich zu Kontaminationen zwischen Pflanze und Pharma-Produkt kommen kann.

Ein Arbeitsraum mit einer Verbindung zur Natur ist das Optimale. Eine echte Außengrünlandschaft wäre zu begrüßen, ist aber nicht immer realisierbar. Wie die Beispiele der Firmen Merckle und Seegmüller zeigten, können Bilder oder Fotos die gleiche Wirkung haben wie eine reale Landschaft. Aus diesem Grund ist es wünschenswert, an jeder dafür infrage kommenden Fläche ein Foto zu befestigen.

Im Beispiel von Abb. 5.5 ist zu sehen, wie die zwei Pole von innen und außen miteinander kommunizieren. Hierbei kann ein fließender, nicht wahrnehmbarer Übergang zwischen innen und außen entstehen. Die visuelle Verbindung mit der Natur kann das mentale Engagement und die Aufmerksamkeit verbessern. Ebenso können der Blutdruck und der Herzschlag reduziert werden. Des Weiteren verbessern sich bei den Menschen bzw. Mitarbeitern die positive Einstellung und das allgemeine Gefühl, glücklich zu sein.[35]

[35]Vgl. Aldwin, C. M. (2007).

5.5.2 Wasser und Meer

Betreten wir die Lobby eines Hotels, hören wir oft – und sehen einen Augenblick später – ein Wasserspiel. Ohne nachzudenken, antizipiert unser Gehirn einen Gedanken: Uns fällt das Geplätscher eines kleinen Wasserfalls ein, der uns an den Urlaub im letzten Jahr erinnert. Die Gedanken schweifen weiter um den Urlaub und wir denken vorzugsweise an die schönen Erlebnisse. Ähnlich ist es mit den Gedanken an das Meer, die Erinnerungen an Erlebnisse dort erzeugen: Der weite Horizont teilt das Meer vom Himmel. Am Strand lässt es sich endlos laufen und es entsteht das Gefühl der Freiheit. Beide Male fühlen wir uns wohl!

Unter dem Faktor „Wasser" sind alle Wasserspiele wie Springbrunnen, Bachläufe oder auch die Installation eines Trinkbrunnens subsumiert. Gemeint sind alle Bauten, die das Geräusch plätschernden Wassers erzeugen, das wie oben ausgeführt erheblich zur Wohlbefindlichkeit und Konzentrationssteigerung beiträgt. Wasserspiele sind für die Produktion nur bedingt geeignet, können aber in Räumen, die der informellen Kommunikation dienen, eingebaut werden.

Auch hier kann der Blick auf Wasser oder das Meer durch Fotos oder Bilder substituiert werden und dadurch ein gutes Gefühl erzeugen. Die Technologie der Firma Kasper beispielsweise erzeugt brillante Bilder, die zudem raumerweiternd wirken (Abb. 5.6).[36]

5.5.3 Tiere

Die positive Wirkung von Tieren auf die Psyche des Menschen ist seit Langem bekannt. Haustiere wie zum Beispiel Hunde tragen auch zur physischen Gesundheit ihrer Halter bei, weil sie sie zur Bewegung an der frischen Luft animieren.[37] Verschiedene Studien konnten darüber hinaus belegen, dass ein Tier in der Arbeitsumgebung die Motivation fördert, es in Büros mit Hunden nachweislich weniger Fehlzeiten gibt und der Krankenstand sinkt. Ferner ist positiv zu erwähnen, dass durch den Augen- und Streichelkontakt der Stresslevel sinkt.[38]

Viele Unternehmen, in denen noch keine Hunde zugelassen sind, glauben, dass die Akzeptanz dafür bei den Mitarbeitenden nicht sehr ausgeprägt ist. Dagegen ergab aber der Bürohund-Index 2019, dass 85 % der Befragten aus Betrieben ohne Hund diesem Thema positiv gegenüberstehen und sogar fast die Hälfte der Mitarbeitenden mit eigenem Haustier auf eine Gehaltserhöhung verzichten würde, wenn sie ihren Hund ins Büro mitbringen dürften. Dadurch kann sogar die Loyalität zum Arbeitgeber steigen,

---

[36]Vgl. KASPER GmbH (2020)..

[37]Vgl. Graen, A. (2019).

[38]Vgl. Kals, U. (2019) und Bundesverband Bürohund e. V. (2019).

Abb. 5.6 Bild von Strand und Meer

denn die Wechselbereitschaft bei Mitarbeitenden mit Bürohund fällt wesentlich niedriger aus. Hier läge auch eine Chance für Arbeitgeber, ihre Attraktivität neuen Bewerbern gegenüber zu steigern und diese im Betrieb zu halten.[39]

Vor der Genehmigung zum Mitbringen eines Tieres sollten die Bedingungen dafür jedoch unbedingt in einer gegenseitigen Vereinbarung festgehalten werden.

5.6 Kommunikation

Die Kommunikation nimmt unweigerlich auch in Projekten eine Schlüsselposition ein. Ihr Ziel ist eine schnelle, offene, korrekte und umfassende Information, weil diese der Rohstoff des Wissens ist.[40] Das erste Axiom der Kommunikation von Paul Watzlawick

[39]Vgl. Bundesverband Bürohund e. V. (2019).

[40]Vgl Henn, G. und Meyhöfer, D. (2003).

lautet: „Man kann nicht nicht kommunizieren.“[41] Das bedeutet, dass nicht nur Worte, sondern auch Mimik und Gestik Kommunikation sind.

Eine unzulängliche Kommunikation kann viele negative Auswirkungen haben. Gibt man zum Beispiel keine oder zu wenige Informationen, kommt der Verdacht der Verheimlichung auf, ferner ist das der Nährboden für Gerüchte. Reagiert man zu spät, hinterlässt man den Eindruck, die Situation nicht im Griff zu haben. Wer verschiedene Informationen zum gleichen Thema streut, erscheint nicht vertrauenswürdig. Verbreitet man Informationen als wahr, die nachweislich und bekanntermaßen falsch sind, kann der Sprecher schnell als Lügner entlarvt werden. Die Maxime muss daher lauten: One voice to the Business – alle erfahren das Gleiche zur selben Zeit. Dies vermindert die Gefahr, ein schlechtes Image aufzubauen – denn ein solches kann die Existenz eines Unternehmens gefährden: Weniger Vertrauen bedeutet weniger Kunden und weniger Unterstützung von Behörden, Politik und Banken.

5.6.1 Bauliche Maßnahmen zur Kommunikation

Der Raum kann enorme Auswirkungen auf die Qualität, Funktion und Geschwindigkeit der Arbeit haben und sich auch erheblich auf die Kosten der geleisteten Arbeit auswirken.

Das Gebäudedesign kann neue Arbeitsweisen wie z. B. die geplante Kommunikation beeinflussen, Benutzerkontrolle und Komfort gewährleisten und die Funktionalitäten steigern. Bevor die Nutzeranforderungen an ein Gebäude formuliert werden, müssen die geeigneten oder gewünschten konstruktiven Maßnahmen funktionell beschrieben sein. Dazu werden alle beteiligten Akteure zu einer Ideen- und Machbarkeitsfindung eingeladen, deren Ziel die Beschreibung der nachgelagerten Aufgaben, der Prozessänderung, des Gebäudedesigns und der Integration verbesserter Kommunikation ist. Wenn die Nutzeranforderungen durch die Kommunikation bestimmt werden, schlägt sich der konzeptionelle Aufbau in einem entsprechenden Layout nieder, das die Begegnung der Mitarbeiter untereinander und damit auch die Kommunikation fördert.

Ein Beispiel für diesen Sachverhalt stellt der Bau des Medical and Graduate Education Building des Columbia University Medical Center dar, eine Gemeinschaftsarbeit der Architekturbüros Diller Scofidio + Renfro und Gensler. Das 14-stöckige Gebäude beherbergt die Zahnmedizin, die Mailman School of Public Health und die biomedizinischen Abteilungen der Universität.

Die „Study Cascade“, eine offene und damit transparente Treppe entlang der Südfassade, bietet Räume für Studien und soziales Engagement zwischen den verschiedenen Disziplinen. Es steht außer Zweifel, dass die Anordnung der Räume nicht zufällig ist, sondern vielmehr das Layout sich den im Gebäude stattfindenden Prozessen und Anforderungen anpasst (Abb. 5.7).

[41] Vgl. Watzlawick, P. et al. (1969), S. 53.

Abb. 5.7 Education Building des Columbia University Medical Center, USA

5.6.2 Die informale Kommunikation

Netzwerkerhaltung und Bildung sind das Hauptanliegen von sozialen Kontakten. Generell wird der direkte Kontakt als der effizienteste und nachhaltigste Austausch von Informationen angesehen. Durch konstruktive Maßnahmen kann die informale Kommunikation planerisch und baulich gefördert, ja sogar erst ermöglicht werden.

Obwohl die Allen-Kurve, der zufolge die Kommunikation umso weiter abnimmt, je weiter die Kommunizierenden voneinander entfernt sind,[42] bereits seit den 80er Jahren bekannt ist, findet diese zwar in der Bürobauplanung, weniger aber auch in der Planung von Produktionsgebäuden Berücksichtigung. Darüber hinaus hat sich das Wissen aus der Büroplanung hinsichtlich gesundheitlicher Aspekte noch nicht in industriellen Bauten niedergeschlagen.[43]

Die räumliche Anordnung der verbauten Elemente trägt zur Gesundheit der Mitarbeiter bei und kann die informale Kommunikation fördern. Dabei ist neben dem Material- und Personalfluss auch der Kommunikationsfluss zu berücksichtigen, der gleichermaßen für die Logistik wie für die informale und formale Kommunikation essenziell wichtig ist.[44]

Das Layout verhält sich proportional zu den Räumen, das es „begrenzt“, besonders bei einer bedarfsgerechten Ausführung. Damit beeinflusst der Raum die dort stattfindende Arbeit und umgekehrt. Dieser Zusammenhang ist sehr leicht nachzuvollziehen, wenn man sich vor Augen führt, dass man sich in einer Kirche ganz anders verhält als z. B. in einer Diskothek.

Die vier gängigsten Möglichkeiten, wie der Kommunikationsfluss Face-to-Face als nachhaltige Kommunikation gestaltet werden kann, bestehen in den folgenden konstruktiven Ausführungen (siehe Abb. 5.8):

- Kreuzung
- Spine
- Atrium
- Kreuzgang

Bei der Planung von Begegnungsstätten oder Mehrzweckräumen wie einem Café oder einer kleinen Teeküche ist zu überlegen, welche Funktion sie erfüllen sollen und welche Art des Kommunikationsflusses dafür am geeignetsten wäre. Dabei ist die Frage zu beantworten, ob sie nur intern oder auch öffentlich für jedermann z. B. vor den Werks-Absperrungen zugänglich sein sollen, ob der Bau von Verbindungsbrücken sinnvoll ist etc.

[42]Vgl. Allen, T. J. (1984), S. 241.

[43]Vgl. Lechler, T. (1997).

[44]Vgl. Brandau, R. (1985), S. 18.

Abb. 5.8 Auswahl der möglichen Anordnung der Kommunikationsflüsse

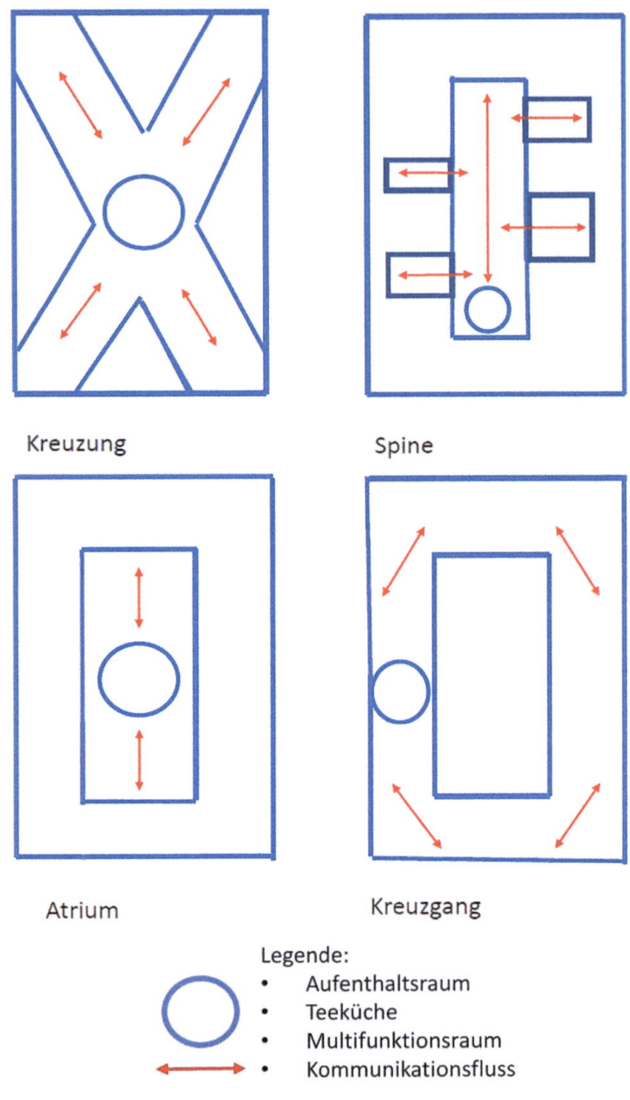

Es kann also festgehalten werden, dass ein Grundlayout immer von der strukturierten Nutzeranforderung ausgeht. Dabei ist auch zu betrachten, wie sich in der Regel die möglichen Flüsse wie Material-, Personal- und Kommunikationsflüsse zueinander verhalten (Abb. 5.9).

Das Layout wird in der Produktion hauptsächlich durch den Prozess bestimmt. Hier war die Devise, so viel wie möglich zu produzieren. Dies hat sich jedoch geändert.[45]

[45]Vgl. Lechler, T. (1997).

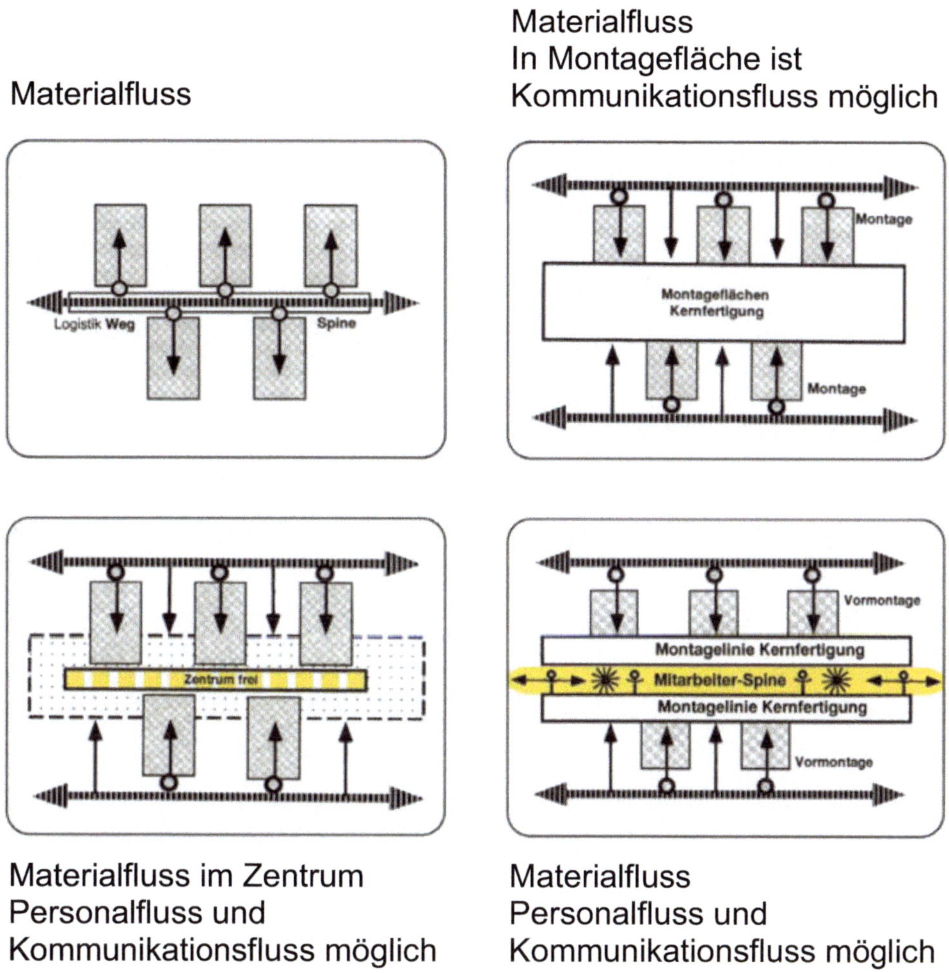

Abb. 5.9 Diverse Möglichkeiten zur Umsetzung von Kommunikationsflüssen

Heutzutage liegt das Ziel eher darin, die Plan-Produktionsmengen in gleichbleibender Qualität herzustellen. Dies setzt lapidar gesagt die Wohlbefindlichkeit der Mitarbeiter voraus. Ein beeinflussender Teil ist das Layout mit der Integration von Treppen, Aufzügen, Teeküchen und Aufenthalts- und Gemeinschaftsräumen, die zur informalen Kommunikation einladen und Punkte des sozialen Austauschs sind.

Treppenhäuser sollten im Mittelpunkt der Informations- und Kommunikationsflüsse liegen und weniger in einer abgelegenen Ecke, damit zu ihrer Nutzung angeregt wird, was die Bewegung und damit auch die Gesundheit fördert. Ferner sollten die Verbindungen zu den anderen Abteilungen und unterschiedlichen Stockwerken baulich so umgesetzt sein, dass sie zum Stehen und Bleiben einladen, um sich mit Kollegen oder Vorgesetzten auszutauschen.

Dies gilt ebenso für Teeküchen und Gemeinschafts- bzw. Aufenthaltsräume, die nicht länger in düsteren, womöglich fensterlosen Räumen unterzubringen sind, weil dies jeglicher Wertschätzung für die Mitarbeiter entbehrt. Die Lösung ist ein offener, zentral erreichbarer und gut ausgestatteter Multifunktionsraum, in dem man sich gern trifft. Solch ein Raum kann dazu dienen, Besucher zu empfangen oder Besprechungen abzuhalten, aber in ruhigen Phasen auch für eine ruhige Arbeit oder ein privates Telefonat zur Verfügung stehen. Ein weiterer Effekt des zentralen Multifunktionsraums liegt in der Förderung der informalen Kommunikation, wenn alle Mitarbeiter quer durch die Hierarchieebenen hier ihren Kaffee trinken.

Denkbar wäre auch, einen Bereich für Public Viewing einzurichten, wo Präsentationen vorgestellt, Erfolge gefeiert oder Mitarbeiter geehrt werden können.

Wenn die Wände zwischen Produktion, Fertigung oder Vertrieb und Schreibarbeitsplatz wegfallen, stärkt das das „Wir-Gefühl" der Mitarbeiter, weil plötzlich Prozessschritte sichtbar werden und sowohl Kunden als auch Mitarbeiter Offenheit und Transparenz erfahren. Dies kann auch durch die Realisierung von „Non Territorial Offices", der mehrmaligen Belegung eines Arbeitsplatzes durch Schichtteams, erreicht werden (Abb. 5.10 und 5.11).

Abb. 5.10 Offene Verhältnisse zur Kommunikationsförderung

Abb. 5.11 Offene Strukturen in der Produktion

5.6.3 Kommunikationskonzept

In zahlreichen der bereits beschriebenen Faktoren finden sich Aspekte, die mit der Kommunikation zu tun haben oder sie fördern. Kommunikation dient nicht nur der Vermittlung von Informationen oder Wissen, sondern ganz wesentlich der sozialen Interaktion.

Um die einzelnen Maßnahmen gezielt zu bündeln, bietet es sich an, je nach Situation und Nutzen ein Kommunikationskonzept zu definieren. Das Ziel jedes Kommunikationskonzepts ist es letztendlich, den Kontakt und Austausch zwischen Unternehmensleitung, Mitarbeitern und Kunden zu strukturieren, um zum Wohlbefinden aller beizutragen. Bei jeder Interaktion, sei es unter den Beschäftigten, mit Vorgesetzten bzw. Untergebenen oder mit den Kunden, hilft ein Kommunikationskonzept dabei, bestimmte Standards des sozialen Miteinanders einzuhalten und auch herausfordernde Situationen zu meistern.

Solch ein Konzept umfasst die Erarbeitung einer Corporate Identity, die das Selbstverständnis eines Unternehmens hinsichtlich seiner Ziele, seiner Arbeitsweise und seines Erscheinungsbilds formuliert und auch ein entsprechendes Wording berücksichtigt. Hinzu tritt ein Employers & Company Alignment, mit dem das Unternehmen und seine Mitarbeiter sich auf eine gemeinsame Vision ausrichten, insbesondere wenn Änderungsprozesse anstehen.[46] Das Ziel hierbei ist die Etablierung eines Wir-Gefühls,

[46] Vgl. Abschn. 5.3.2.

das dazu führt, dass die Mitarbeiter sich mit ihrem Unternehmen identifizieren, motiviert und engagiert ihre Kompetenzen einbringen und die Anforderungen der Kunden erfüllen. Unterstützt werden diese Ziele durch eine wertschätzende Kommunikation, die Schaffung inspirierender Arbeitsumgebungen und die Förderung des sozialen Austauschs.[47]

5.7 Gesundheit

5.7.1 Hygiene und Allergien

Die oben bereits beschriebene gegenseitige Vereinbarung sollte zum Wohle aller auch allgemeine Büroregeln für den Bereich der Hygiene umfassen. Dazu gehören zum Beispiel die regelmäßige gründliche Reinigung der Schreibtische, die Leerung der Mülleimer und das Bereitstellen von Desinfektionstüchern, um auch selbst einmal das Telefon abwischen zu können. Darüber hinaus kann man auch keimhemmend beschichtete Oberflächen in Erwägung ziehen.

Der Verzehr von Mahlzeiten am Schreibtisch sollte unterbleiben, stattdessen ist ein zentraler Treffpunkt im Büro sinnvoll, wo die Mitarbeiter Kaffee trinken, etwas essen und zwischendurch Ideen oder Aktuelles mit den Kollegen austauschen können. Für das benutzte Geschirr sollte eine Spülmaschine vorhanden sein. Außerdem ist zu regeln, was wie lange im Kühlschrank aufbewahrt werden kann, damit nicht verdorbene Lebensmittel zu einem gesundheitlichen Risiko werden.

Regelmäßige Handhygiene sollte selbstverständlich sein, dazu müssen Seife und Desinfektionsmittel in den Waschräumen bereitstehen, je nach Arbeitsbereich sind auch Duschen sinnvoll. Außerdem fördert eine optisch gute Gestaltung der Sanitärbereiche die Hygiene im Unternehmen und zeigt dem Mitarbeiter auch, dass er wichtig ist und wertgeschätzt wird.

Die Arbeitsbereiche sollten mehrmals täglich zu festen Zeiten gelüftet werden, um durch den Luftaustausch die Anzahl von Viren und Bakterien im Raum zu verringern. Dies kann auch dabei helfen, Allergien zu vermeiden. Eine allergische Reaktion im Büro kann viele Ursachen haben. Eine davon ist Staub, daher muss die Ursache für die Staubbelastung gefunden werden. Oft macht erst der Mix aus Schadstoffen, Allergenen und Keimen die Räume tatsächlich zu ungesunden Orten. Empfindliche Menschen reagieren darauf mit allergieähnlichen Symptomen, z. B. dem Sick-Building-Syndrom. Auch trockene Luft kann die Atemwege reizen.

[47]Vgl. Abschn. 5.3.3, 5.6.1 und 5.6.2.

5.7.2 Ort der Ruhe/Power Napping

Fragt man Menschen im Vertrauen nach ihrem Ort der Ruhe am Arbeitsplatz, kommt oft folgende Antwort: die Toilette. Das kann kaum mit moderner Arbeitsplatzsituation gemeint gewesen sein – dafür bedarf es anderer, separater Räume.[48] Es gibt mehrere Möglichkeiten, wie ein solcher Ort der Ruhe aussehen könnte:

Power Napping, also das Nickerchen, gleicht nicht nur ein Schlafdefizit aus. Nach neuen Studien stärkt es auch das Immunsystem und senkt die Stressbelastung. In einer Power-Napping-Station kann man sich innerhalb kürzester Zeit erholen. Nach schon 15 bis 20 min setzt die Erholung spürbar ein. Im Rahmen eines Change Managements sollte vereinbart werden, dass jeder Mitarbeiter diese Station benutzen darf. Das setzt auch die Teilnahme des Vorgesetzten voraus, der mit gutem Beispiel vorangeht.

Der Activity Based Workplace ist der geeignete Platz, wenn man in Ruhe arbeiten will, sei es in einem kleinen Besprechungszimmer mit Sessel oder an einem Schreibtisch in der Ruhezone. Falls kein Fenster mit Ausblick vorhanden ist, stellt ein Bild einen guten Ersatz dar.

Wenn ein Garten, Park oder Wald als Rückzugsort in Reichweite liegt, kann ein kurzer Spaziergang der inneren Einkehr dienen. Immer mehr Planer sehen für Hotels oder öffentliche Gebäude einen großen Garten oder Park vor, wie z. B. beim neuen DFB-Leistungszentrum in Frankfurt/Main.[49]

5.7.3 Geistige Betätigung

Der Drang nach einer anspruchsvollen Tätigkeit ist oft nur eine Frage der Zeit, wenn man sich z. B. im Urlaub lange genug der Erholung hingegeben hat. Zu den Angeboten geistiger Betätigung im Freizeitbereich gehört die Bibliothek auf einem Kreuzfahrtschiff ebenso wie die Freiluftschachanlage im Hotelgarten.

Da im gewerblichen Bereich auf allen Hierarchiestufen bereits anspruchsvolle Arbeit erledigt wird, ist der Druck für eine geistige Betätigung recht gering. Hier könnten aber Angebote wie ein Betriebschor oder -orchester einen Ausgleich schaffen und andere Impulse setzen, darüber hinaus würden sie auch zur Etablierung eines Wir-Gefühls dienen.

Gerade in Wartebereichen aller Art setzt schnell Langeweile ein. Um gehobenere geistige Betätigung anzuregen, könnten daher beispielsweise in Praxen neben den üblichen Lifestyle- und Gesellschaftsheften auch Fachzeitschriften, populärwissenschaftliche Magazine oder Denksportspiele ausliegen.

---

[48]Vgl. Mühl, M. (2019).

[49]Vgl. Ashelm, M. (2019).

5.7.4 Sicherheit/Qualität

Das Gefühl von Sicherheit hat einen elementaren Einfluss auf die Gefühlslage und die Wohlbefindlichkeit der Menschen. Sicherheit impliziert einen Schutz vor unvorhersehbaren Ereignissen oder den Auswirkungen der falschen Bedienung von Anlagen, indem davon ausgegangen werden kann, dass etwas nach Vorschrift installiert wurde und die Verwendung den gesetzlichen Bestimmungen, der Nutzeranforderung, einem Manual o. ä. folgt.

Damit dieses Vertrauen in die Sicherheit gerechtfertigt ist, bedarf es der Umsetzung eines Qualitätsmanagements und der Qualitätssicherung, die regelmäßig durch eine unabhängige Untersuchung und Analyse gemäß Qualifizierung zertifiziert wird.

5.7.5 Sport und Bewegung

Prinzipiell leiden gewerbetreibende Mitarbeiter in ihrem definierten Wirkungskreis nicht an akutem Bewegungsmangel. Sie gehören nicht zu den 1,4 Mrd. Menschen auf der Welt, die sich zu wenig bewegen. Immerhin ist rund ein Drittel der Frauen und ein Viertel der Männer von akutem Bewegungsmangel betroffen.[50]

Bewegung am Arbeitsplatz lässt sich wie einige andere Faktoren durch konstruktive und organisatorische Maßnahmen fördern, z. B. durch die Lage der Aufzüge und Treppenhäuser oder die Platzierung von Drucker, Papierkorb etc. an zentraler Stelle im Open Space.

Statt den um die Ecke sitzenden Kollegen anzurufen oder ihm gar eine E-Mail zu schreiben, kann auch ein kurzer Besuch abgestattet werden. Meetings könnten teilweise auch im Stehen oder Gehen abgehalten werden. Dazu ist es sinnvoll, einige Besprechungsräume oder Teile der Kantine mit Stehtischen auszurüsten. Activity Based Working kann mit Matten, Bewegungsstühlen und eventuell Ringen zum Hängen unterstützt werden. Einige Firmen bieten bereits Sporträume für Fitness, Yoga oder Rückenschule an, die mit Geräten zum gezielteren Training ausgestattet sind.

Pausen (insbesondere die Mittagspause) können auch als Bewegungspausen genutzt werden. Aus dem Büro hinaus an die frische Luft zu gehen, tut nicht nur dem Bewegungsapparat gut, sondern auch dem Kopf.

Außerhalb der Arbeitsstätte kann jeder selbst für mehr Bewegung sorgen, indem man in öffentlichen Verkehrsmitteln stehenbleibt oder – vor allem bei schönem Wetter – mit dem Fahrrad zur Arbeit fährt; ist der Weg zu weit, lassen sich auch Bahn und Rad kombinieren. Der Arbeitgeber kann das unterstützen, indem er Fahrradabstellanlagen in ausreichender Zahl und Qualität vorsieht.

[50]Vgl. Watts, N. et al. (2018), S. 8.

Die Motivation, die genannten Verhaltenstipps auch umzusetzen, kann durch Betriebssportgruppen und die Teilnahme an Firmenläufen oder regionalen Sportturnieren gefördert werden – und das dient gleichzeitig der Stärkung des Wir-Gefühls.

Literatur

AIRY Greentech GmbH (2020), Unsere Technologie, https://airy.green/de/technology [Zugriff am 29.05.2020].

Aldwin, C. M. (2007), Stress, coping, and development – An integrative perspective, Guilford, New York.

Allen, T. J. (1984), Managing the flow of technology: technology transfer and the dissemination of technological information within the R & D organization, MIT Press, Cambridge (Mass.) / London.

Ashelm, M. (2019), Der DFB und das Silicon Valley des Fußballs, in: Frankfurter Allgemeine Zeitung, 03.05.2019.

Bachmann, P. (2018), Bedarfsgerechte Gebäudetechnik, in: Seiferlein, W., Kohlert, C. (2018), Die vernetzten gesundheitsrelevanten Faktoren für Bürogebäude, Springer Vieweg, Wiesbaden, S. 139–150.

Braem, H. (2009), Die Macht der Farben: Bedeutung & Symbolik, Wirtschaftsverlag LangenMüller/Herbig, München.

Brämer, R. (2008), Grün tut uns gut – Daten und Fakten zur Renaturierung des Hightech-Menschen, natursoziologie.de, 5/2008, https://www.wanderforschung.de/files/gruentutgut1258032289.pdf [Zugriff am 11.06.2020].

Brandau, R. (1985), Pharmaproduktion aus betriebswirtschaftlicher Sicht, Wissenschaftliche Verlagsgesellschaft, Stuttgart.

Bundesverband Bürohund e. V. (2019), Bürohund-Index Deutschland 2019, http://bv-bürohund.de/buerohund-index-deutschland-2019-ergebnisse/ [Zugriff am 08.06.2020].

Graen, A. (2019), Sieben erwiesene Gründe, warum in jedem Büro ein Hund sein sollte, in: stern, 27.06.2019, https://www.stern.de/neon/vorankommen/karriere/7-gruende–warum-in-jedem-buero-ein-hund-sein-sollte-8772744.html [Zugriff am 80.06.2020].

Haapakangas, A., Kankkunen, E., Hongisto, V., Virjonen, P., Oliva, D., Keskinen E. (2011), Effects of Five Speech Masking Sounds on Performance and Acoustic Satisfaction. Implications for Open-Plan Offices, in: Acta Acustica united with Acustica, 97/2011, S. 641–655.

Hahn, N. (2007), Der Einfluss von trockener Luft auf die Gesundheit, in: Gefahrstoffe – Reinhaltung der Luft, 3/2007, S. 103–107.

Heidari, A. A., Tavakol, H., Behdadfar, N. (2013), Effect of Lighting and space on depression and stress appearing in residential places, in: Journal of Novel Applied Sciences, 12/2013, S. 733–741.

Henn, G., Meyhöfer, D. (Hrsg.) (2003), Architektur des Wissens – Architecture of Knowledge, Junius, Hamburg.

Hortig, J. (2013), Das Geschäft mit dem Geruch – Wenn der Zug nach Rosenholz duftet, https://www.wiwo.de/unternehmen/handel/das-geschaeft-mit-dem-geruch-wenn-der-zug-nach-rosenholz-duftet/8464296.html [Zugriff am 11.06.2020].

Kals, U. (2019), Kuschelfaktor im Büro, Interview mit J. Brettmeister, in: Frankfurter Allgemeine Zeitung, 07.07.2019.

Kasper GmbH (2020), Digitaldruck, http://www.kasper-werbung.de/digitaldruck-singen.html [Zugriff am 29.05.2020].

Kutchma, T. M. (2003), The Effects of Room Color on Stress Perception: Red versus Green Environments, in: Journal of Undergraduate Research at Minnesota State University, Mankato, 3/2003, Article 3.

Lechler, T. (1997), Erfolgsfaktoren des Projektmanagements, Peter Lang, Frankfurt am Main.

Mai, J. (2016), Wertschätzung: Mehr als Belohnung und Lob, https://karrierebibel.de/wertschaetzung/#Die-Ausdrucksformen-der-Wertschaetzung [Zugriff am 29.05.2020].

Martin, M., Schlipat, H. (2014), Wertschöpfung durch Wertschätzung – Warum das „gesunde Unternehmen" wesentliches Element der Unternehmensstrategie sein sollte, https://www.rochusmummert.com/downloads/news/Wertschoepfung_durch_Wertschaetzung.pdf [Zugriff am 29.05.2020].

McCoy, J. M., Evans, G. W. (2002), The Potential Role of the Physical Environment in Fostering Creativity, in: Creativity Research Journal 14(3), S. 409–426.

Mehta, R., Zhu, R., Cheema, A. (2012), Is Noise Always Bad? Exploring the Effects of Ambient Noise on Creative Cognition, in: Journal of Consumer Research, 39/2012, S. 784–799.

Meyers-Levy, J., Zhu, R. (2007), The Influence of Ceiling Height: The Effect of Priming on the Type of Processing That People Use, in: Journal of Consumer Research, 34/2007, S. 174–199.

Mühl, M. (2019), Die revolutionäre Kraft der Achtsamkeit, Frankfurter Allgemeine Zeitung, 23.12.2019.

Nieuwenhuis, M., Knight, C., Postmes, T., Haslam, S. A. (2014), The Relative Benefits of Green Versus Lean Office Space: Three Field Experiments, in: Journal of Experimental Psychology: Applied, 20(3), S. 199–214..

Nüchterlein, P., Richter, P. G. (2008), Raum und Farbe, in: Richter, P. G. (Hrsg.), Architekturpsychologie, Pabst, Lengerich, S. 209–231.

Oetter, C. (2015), ISPE Fachgespräch, Leipzig, 24. Februar 2015.

Roelofsen, P. (2008), Performance loss in open-plan offices due to noise by speech, in: Journal of Facilities Management, 6/3, S. 202–211.

Rumpfhuber, A. (2013), Architektur immaterieller Arbeit, Tuna + Kant, Wien.

Seiferlein, W., Woyczyk, R. (2017), Projekterfolg – Die vernetzten Faktoren von Investitionsprojekten, Fraunhofer Verlag, Stuttgart.

Seiferlein, W., Kohlert, C. (2018), Die vernetzten gesundheitsrelevanten Faktoren für Bürogebäude, Springer Vieweg, Wiesbaden.

senkonzept GmbH (2017), Unsere Düfte mit biologischem Geruchsvernichter, http://www.senkonzept.de/duft.html [Zugriff am 08.06.2020].

Steelcase (2013), Wohlbefinden – ein Thema, das nur Gewinner kennt, 360° Magazin Nr. 8, https://www.steelcase.com/content/uploads/sites/2/2018/08/360N8DE.pdf [Zugriff am 08.06.2020].

Steelcase (2019), New Work. New Rules, 360° Magazin Nr. 16, https://www.steelcase.com/content/uploads/sites/2/2019/07/1023893hy_DE_MOCKUPsm.pdf

Stefani, O. (2017), Die Wirksamkeit von Tageslichtreplikationen auf die Wissensarbeit, Dissertation, Fakultät Maschinenwesen der TU Dresden.

Stone, N. J., English, A. J. (1998), Task Type, Posters, and Workspace Color on Mood, Satisfaction, and Performance, in: Journal of Environmental Psychology, 2/1998, S. 175–185.

Trautwein, K. (2018), Farbkonzepte für Arbeitsplätze, in: Seiferlein, W., Kohlert, C., Die vernetzten gesundheitsrelevanten Faktoren für Bürogebäude, Springer Vieweg, Wiesbaden, S. 102–112.

Watts, N., Amann, M., Arnell, N., Ayeb-Karlsson, S. et. al. (2018), The Lancet Countdown on health and climate change: shaping the health of nations for centuries to come, in: The Lancet, 392(10163), S. 2479–2514.

Watzlawick, P., Beavin, J. H., Jackson, Don D. (1969), Menschliche Kommunikation – Formen, Störungen, Paradoxien, Huber, Bern 1969.

Funktionsweise der Matrix

6

Die vorliegende Basis-Matrix dient dazu, die wichtigsten Wohlbefindlichkeitsfaktoren für verschiedene Branchen und Bereiche herauszufinden und zu ermitteln, inwieweit sie anwendbar sind, um daraus ein individuelles Konzept zu erstellen. Die Basis-Matrix wird deshalb nachfolgend auf zwei Anwendungsfälle getestet, die möglichst unterschiedlich sein sollten. Ziel war es, die Leistungsgrenzen für die Anwendung der Basis-Matrix auszuloten. Als Anwendungsfälle wurden erstens ein Fitnesscenter und zweitens die Produktion im Pharma-Reinraumbereich ausgewählt.

6.1 Anwendung 1: Fitnesscenter

Zunächst wurde der Ist-Zustand erhoben, welche Faktoren sich als positiv bezeichnen lassen:

- Das Fitnesscenter ist sehr ruhig
- Es ist einfach, sich auf sein Tun zu konzentrieren
- Die Belegung ist immer angenehm
- Es braucht niemand das Gefühl zu haben, ohne Unterstützung zu sein, denn es stehen bestens ausgebildete Mitarbeiter zur Seite

Das Fitnesscenter verfügt über eine standardisierte Nutzeranforderung, die in einigen Punkten der Basis-Matrix gleicht. Nachfolgend wird die Relevanz jedes Faktors diskutiert, wobei nur diejenigen Faktoren berücksichtigt werden, die hinsichtlich der vorliegenden Nutzeranforderung auch umsetzbar sind:

W. Seiferlein, *Wohlbefindlichkeitsfaktoren für verschiedene Branchen*,
https://doi.org/10.1007/978-3-658-31007-3_6

Architektur

- Gesund Bauen und Instandhalten: relevant, obwohl das Studio sich in einem Bestandsgebäude befindet
- Funktionales Raum-Layout: relevant, betrifft die Aufstellung der Geräte im Raum
- Ein Parkplatz für jedes Fahrzeug: relevant, dieser Faktor wird bereits als selbstverständlich angesehen

Ergonomie

- Adäquates Mobiliar: relevant, betrifft Spinde und den Empfangstresen
- Büro- und Werkstattmöbel: nicht relevant
- IT-Ausstattung: nicht relevant

Work-Life-Balance

- Gegenseitige Vereinbarung: nicht relevant
- Employers & Company Alignment/Change Management: nicht relevant
- Wertschätzung: relevant, betrifft den Umgang mit den Kunden und das Verhalten der Mitarbeiter zueinander

Wahrnehmung

- Luft: relevant, kontrolliertes Einströmen von frischer Luft bzw. Stoßlüften ist von Nutzerseite erwünscht
- Licht: relevant, denn adäquates Licht ist in jedem Raum wichtig, wobei natürliches Licht dem künstlichen vorgezogen werden sollte.
- Lärm: relevant, betrifft die im Raum vorherrschende Akustik, also ob der Raum hallig oder zu stark mit Schallabsorbern ausgestattet ist, sodass die Geräusche der Mittrainierenden und ggf. die Hintergrundmusik zu viel oder zu wenig hörbar sind
- Leib: relevant, betrifft das Angebot von Wasserspendern und eventuell einem Verkaufsautomaten mit gesunder Ware wie z. B. Obst für die Kunden
- Farben: nicht relevant, denn zurzeit ist der Standard weiß, das Studio wirkt daher sehr puristisch, ein bisschen Farbe würde aber nicht schaden
- Düfte: relevant, betrifft die Gerüche der Geräte und Ausdünstungen der Mittrainierenden. Räume mit Düften zu belegen, ist vor allem in der Hotellerie schon Standard

Natur

- Pflanzen: nicht relevant, da sie in den Standardanforderungen des Betreibers nicht gewünscht sind
- Wasser/Meer: nicht relevant, da dies in den Standardanforderungen des Betreibers nicht vorgesehen ist, möglich wäre allerdings, diesen Punkt in ein zukünftiges Konzept zu integrieren und Bilder aufzuhängen
- Tiere: nicht relevant

Kommunikation

- Konstruktive Maßnahmen: nicht relevant
- Informale Kommunikation: nicht relevant
- Kommunikationskonzept: relevant, betrifft die Kommunikation mit den Kunden und werbliche Maßnahmen

Gesundheit

- Hygiene/Allergien: relevant, weil deren Umsetzung einen validen Bedarf in einem Fitnesscenter darstellt
- Sicherheit/Qualität: relevant, betrifft die Funktionstüchtigkeit der Geräte
- Ort der Ruhe/Power Napping: nicht relevant
- geistige Betätigung: nicht relevant
- Sport und Bewegung: relevant, weil dies der Geschäftszweck eines Fitnesscenters ist

Um sich das Ergebnis der relevanten Faktoren zu visualisieren, wird die Basis-Matrix nachfolgend dem Resultat der Auswertung der Faktoren angepasst (Abb. 6.1).

6.2 Anwendung 2: Pharma-Produktion

Auch für diesen Anwendungsfall wurden die relevanten Wohlbefindlichkeitsfaktoren identifiziert:

Architektur

- Gesund Bauen und Instandhalten: relevant, da es keinen Standard gibt, ist die Wahl für die Konstruktion und Materialien individuell zu treffen
- Funktionales Raum-Layout: relevant, besonders wenn Material-, Personal- und Kommunikationsflüsse angelegt werden sollen
- Ein Parkplatz für jedes Fahrzeug: relevant, verkürzt den An- und Abfahrtsweg der Mitarbeiter

Ergonomie

- Adäquates Mobiliar: relevant, weil es wichtig ist, je nach Tätigkeitsbereich das entsprechende Mobiliar einzusetzen, das vielleicht „Activity Based Furniture" genannt werden kann (siehe oben)
- Büro- und Werkstattmöbel: relevant (siehe oben)
- IT-Ausstattung: relevant (siehe oben)

Architektur	Gesundes Bauen und Instandhalten	Funktionales Raum-Layout	Ein Parkplatz für jedes Fahrzeug			
Ergonomie	Adäquates Mobiliar	~~Büro und Werkstatt möbel~~	~~IT-Ausstattung~~			
Work-Life-Balance	~~Gegenseitige Vereinbarung~~	~~Employers & Company Alignment/ Change-Management~~	Wertschätzung			
Wahrnehmung	Luft	Licht	Lärm / Musik	Leib	Farben	Düfte
Natur	~~Pflanzen~~	~~Wasser/ Meer~~	Tiere			
Kommunikation	~~Konstruktive Maßnahmen~~	~~Informale Kommunikation~~	Kommunikationskonzept			
Gesundheit	Hygiene/ Allergien	Sicherheit/ Qualität	~~Ort der Ruhe/ Power-Napping~~	~~geistige Betätigung~~	Sport und Bewegung	

Abb. 6.1 An das Fitnesscenter angepasste Basis-Matrix

Work-Life-Balance
- Gegenseitige Vereinbarung: relevant, vor allem wenn ein intensiver Change geplant wird
- Employers & Company Alignment/Change Management: relevant, besonders in der Planungsphase vor allem bei Veränderungen der Firmenstruktur und in Verbindung mit dem Personal
- Wertschätzung: relevant, weil die unterschiedlichen Faktoren, wann sich ein Mensch wohl fühlt, viel mit dem Thema Wertschätzung zu tun haben

Wahrnehmung
- Luft: relevant, betrifft die Strecke vor der Beladung oder dem Füllprozess, wo das Produkt noch „offen" gehandhabt wird, bis zu einem kontrollierten (Reinraum-) Bereich
- Licht: relevant, dabei ist entsprechend dem menschlichen Bedarf „Human Dynamic Light" zu verwenden, soweit es technisch möglich ist
- Lärm: relevant, da eine Dauerbeschallung über dem Grenzwert nicht zulässig ist, eventuell müssen Schallquellen verlagert oder verkapselt werden
- Leib: relevant, betrifft das Essen aus der Kantine und den Inhalt der Verkaufsautomaten (Obst statt Schokoriegel)
- Farben: relevant, dies hat die farbliche Gestaltung der Produktionsanlagen durch von Garnier gezeigt
- Düfte: nicht relevant, da in der Produktion ein zu hoher Eigengeruch vorliegt und eine Geruchsmischung nicht zielführend ist

Natur
- Pflanzen: nicht relevant, weil die Gefahr der Kontamination besteht
- Wasser/Meer: relevant in Bereichen, wo Bilder ausgestellt und eine Landschaftstapete eingebracht werden kann
- Tiere: nicht relevant, weil die Gefahr der Kontamination besteht und sich die Halter produktionsbedingt nicht um die Tiere kümmern können. Einzig im Pausenbereich wäre ein Aquarium oder auch ein Bildschirm mit Fischen, einem Lagerfeuer o. ä. denkbar

Kommunikation
- Konstruktive Maßnahmen: relevant, um den Kommunikationsfluss zu fördern
- Informale Kommunikation: relevant
- Kommunikationskonzept: relevant, um alle Maßnahmen planerisch umzusetzen

Gesundheit
- Hygiene/Allergien: relevant
- Sicherheit/Qualität relevant: hier sind keinesfalls Kompromisse einzugehen, in diesem Bereich gilt stets das Motto „safety first, quality always"

- Ort der Ruhe/Power Napping: relevant, dies erhält die Leistungsfähigkeit des Personals über den Tag
- geistige Betätigung: nicht relevant, weil dies wesentlicher Bestandteil der Arbeit ist und nicht gefördert werden muss
- Sport und Bewegung: nicht relevant, weil dies Bestandteil der täglichen Arbeit ist und nicht gefördert werden muss

Auch für diese Anwendung wurde die Basis-Matrix den Anforderungen angepasst (Abb. 6.2).

6.3 Auswertung der Anwendungsfälle

Für die beiden Anwendungsfälle wurden die entsprechenden Wohlbefindlichkeitsfaktoren bestimmt. Es zeigte sich dabei, wie flexibel die Matrix auch bei sehr unterschiedlichen Bereichen zu handhaben ist.

Im folgenden Schritt wird die Matrix im Dialog mit den Nutzern und Betreibern abgestimmt. Sind alle Wohlbefindlichkeitsfaktoren festgelegt, entsteht daraus ein Gesamtkonzept. Für dessen Umsetzung sollte für die festgelegten Parameter der Matrix die erforderliche Akzeptanz erreicht werden. Dies geschieht mit aktiver Kommunikation im Sinne eines Change Managements, sodass die Vor- und Nachteile gemeinschaftlich mit allen Beteiligten abgewogen und akzeptiert oder verworfen werden können.

Architektur	Gesundes Bauen und Instandhalten	Funktionales Raum-Layout	Ein Parkplatz für jedes Fahrzeug			
Ergonomie	Adäquates Mobiliar	Büro-und Werkstatt möbel	IT-Ausstattung			
Work-Life-Balance	Gegenseitige Vereinbarung	Employers & Company Alignment/ Change Manage-ment	Wertschätzung			
Wahrneh-mung	Luft	Licht	Lärm / Musik	Leib	Farben	~~Düfte~~
Natur	~~Pflanzen~~	Wasser/ Meer	~~Tiere~~			
Kommunikation	Konstruk-tive Maß-nahmen	Informale Kommuni-kation	Kommunikationskonzept			
Gesundheit	Hygiene/ Allergien	Sicherheit/ Qualität	Ort der Ruhe/ Power Napping	~~geistige Betätigung~~	~~Sport und Bewegung~~	

Abb. 6.2 An die Pharma-Produktion angepasste Basis-Matrix

7 Zusammenfassung

Mit der Anwendung der Wohlbefindlichkeitsfaktoren verbessert sich die Leistungsfähigkeit bei den Mitarbeitern durch eine davon induzierte Optimierung und Verbesserung der physikalischen, geistigen und sozialen Komponenten, was zu weniger Arbeitsausfall und Fluktuation führt. Ein weiterer Aspekt ist das Engagement der Mitarbeiter, das in Abhängigkeit von der Zufriedenheit am Arbeitsplatz steigt. Die durch die Umsetzung von Wohlbefindlichkeitsfaktoren bedingten Auswirkungen auf die Arbeitswelt sind mannigfaltig und sichtbar. Da diese weichen Faktoren nicht messbar sind, sind sie auch schlecht vergleichbar.

Die Recherchen haben gezeigt, dass sich zahlreiche Branchen oder Bereiche bereits mit Wohlbefindlichkeitsfaktoren beschäftigen, sie allerdings nicht immer so nennen. So sind in der Kreuzschifffahrt die Begriffe Behaglichkeit oder Ambiente und bei der Deutschen Bahn der Ausdruck Wohlfühl-Atmosphäre im Gebrauch, was auf die Kenntnis dieser Faktoren oder der durch sie ausgelösten Prozesse hinweist. Die Bezeichnung „Wohlbefindlichkeitsfaktoren" wird aber bei aktuellen Um- und Neubauten im Pharmabereich bereits häufig verwendet.

Oftmals ist die Wirkung dieser Faktoren nicht bekannt, noch seltener werden die möglichen Wohlbefindlichkeitsfaktoren ermittelt und im Rahmen eines Konzeptes konkretisiert. Inwieweit ein solches Konzept erstellt wird, hängt häufig von den Branchen und Bereichen ab.

Jede Branche legt ihren Schwerpunkt auf unterschiedliche Details und damit Anforderungen. Ziel jeder Planung ist, die Bedarfe zweckmäßig und anwendergemäß zu eruieren und in den Anforderungskatalog zu integrieren. Dies hat zur Folge, dass in die Planungsteams Fachleute aus unterschiedlichen Disziplinen berufen werden. Mit den interdisziplinären Gruppen werden unterschiedliche Blickwinkel und Meinungen erfasst, die die Findung und Nutzung der Wohlfühlfaktoren erweitern.

W. Seiferlein, *Wohlbefindlichkeitsfaktoren für verschiedene Branchen*,
https://doi.org/10.1007/978-3-658-31007-3_7

> „Die klassischen Modelle werden bald überholt sein. In der Zukunft wird nicht mehr zwischen Blaumann und Krawattenträger unterschieden. Eine interdiziplinäre und offene Arbeitswelt velangt eine völlig neue Denke.“[1]

Für die Auslegung des Layouts eines Arbeitsbereiches sind bekanntermaßen die zu berücksichtigenden Material- und Personalflüsse zu planen. Das Layout nimmt auch großen Einfluss auf die Kommunikation. Durch eine frühzeitige Einbeziehung der Kommunikationsbedarfe sollte auch der Kommunikationsfluss optimiert werden können. Zudem ist es wichtig, Wohlbefindlichkeitsfaktoren und Kommunikationsflüsse für die entsprechenden Branchen oder Bereiche planerisch und konstruktiv zu integrieren.

Da in den unterschiedlichen Branchen und Bereichen die Arbeitsplätze sehr unterschiedlich strukturiert sind, war es das Ziel dieses Buches, zu prüfen, ob die für den Bürobereich gefundenen Wohlbefindlichkeitsfaktoren auch für unterschiedliche Berufsgruppen Geltung haben und ob sie die gleiche Wirkung auf Menschen mit unterschiedlicher beruflicher Funktion haben. Es war zunächst anzunehmen, dass die entsprechenden Faktoren auch auf Menschen anderer Bereiche und Branchen anwendbar sind. Um dies zu verifizieren, wurden im Wesentlichen die Aussagen von Spezialisten ihres Gebiets in Interviews und Diskussionsrunden gesammelt und durch eine Literaturrecherche ergänzt.

So konnten 7 Kategorien mit 26 validen Faktoren identifiziert und aus diesen eine Basis-Matrix erstellt werden. Die einzelnen Faktoren sind in Kap. 4 zusammengefasst. Die Basis-Matrix dient als einheitliche Zusammenfassung und ist für alle Branchen relevant.[2]

Die einzelnen aufgefundenen Faktoren werden in Kap. 5 beschrieben, sodass die Zielrichtung erkennbar ist. Da eine umfassende Beschreibung der Faktoren nicht durchgeführt werden konnte, dient sie lediglich als Richtschnur, die – wie durchaus beabsichtigt – Raum zur Interpretation gibt.

An dieser Stelle sollen die herausragendsten und ausgefallensten Ideen besonders erwähnt werden.

Im Bereich Einkaufszentrum wurde ein sehr interessanter Punkt erwähnt, der sonst in keiner Literatur zu finden war, nämlich dass sowohl den Kunden als auch den Mitarbeitern immer ein Parkplatz zur Verfügung steht.

Der Ideenzug der Deutschen Bundesbahn trumpft mit guten Ideen auf. Dies gilt sowohl für die konstruktiven Verbesserungen („Steh-Sitz“ und „Wechsel- Sitz“) als auch für das Public Viewing, das in den Wohlbefindlichkeitsfaktor Kommunikationskonzept Eingang gefunden hat.

Überraschend war das Ergebnis aus dem Thema Gartenbau, das sehr vielfältige Ausprägungen von Faktoren besitzt.

---

[1]Köhn, R. (2017).

[2]Siehe Anlage 1 und 2.

Für die Funktion des Power-Napping aus dem Bereich Gesundheit ist noch kein überzeugendes Möbelstück gefunden worden. Ziel ist es, das Auge, den Körper und den Geist kurzzeitig zu entspannen. Eine Lösung für eine Power-Napping-Station kommt von der Deutschen Bundesbahn aus dem Ideenzug-Projekt.

Aus dieser empirischen Untersuchung ergeben sich Fragestellungen, die an dieser Stelle nicht bearbeitet werden konnten:

- Kann und sollte eine Wichtung der Faktoren vorgenommen werden?
- Wie steht es um die funktionale Wirksamkeit der Faktoren in Abhängigkeit von den Branchen und Bereichen?
- Wie steht es um die universelle Wirksamkeit der Faktoren in Abhängigkeit von Menschen aus unterschiedlichen Branchen und Bereichen?
- Wie verändert die Digitalisierung die Gesellschaft? Müssen wir unser bestehendes Gesellschaftsmodell infrage stellen?
- Welche Verantwortung müssen Unternehmen in Zukunft übernehmen?
- Wie nutzen wir die sich bietenden Chancen konsequent und wie gelingt es, daraus Vorteile zu ziehen?
- Wohin entwickelt sich die Produktion hinsichtlich der Zusammenarbeit von Mensch und Maschine?

Ziel war es, die relevanten Wohlbefindlichkeitsfaktoren aus unterschiedlichen Branchen und Bereichen kennenzulernen und zu untersuchen. Es wurden nicht alle Branchen betrachtet, zum Beispiel wäre es sehr interessant, die Automobilbranche auf Wohlbefindlichkeitsfaktoren zu untersuchen.

Die Tendenz der Zukunft bewegt sich eindeutig in Richtung Industrie 4.0, das Ziel wird aber nicht länger die digitale Planung und das analoge Bauen sein, sondern in einer vollständigen digitalen Durchdringung aller Prozessschritte bestehen. Dazu müssen alle an einem Projekt beteiligten Fachkräfte in der Lage sein, die digitalen Werkzeuge zu benutzen und miteinander zu kommunizieren, und die Ausbildung der Fachkräfte von morgen hat dies zu berücksichtigen. Der fachliche Austausch zwischen Handwerk und Forschung wird daher immer wichtiger werden, wobei das Handwerk durch die Digitalisierung und die damit neu hinzukommenden Möglichkeiten auch eine Aufwertung erfahren kann. In allen Bereichen werden gut ausgebildete Fachleute benötigt werden, um mit Maschinen und Technologien zu kollaborieren und effizient und Ressourcen sparend zu arbeiten, denn „[e]in Mensch hat Erfahrung und Kreativität, eine Maschine Präzision und Geschwindigkeit.“[3]

[3]Vgl. Seiferlein, M. (2018).

Literatur

Köhn, R. (2017), Blaumann und Krawattenträger an einem Tisch, in: Frankfurter Allgemeine Zeitung, 03.02.2017, S. 19.

Seiferlein, M. (2018), Zukunft des Bauens, in: Frankfurter Bauzeitung, 55/2018, S. 7–8.

Abbildungsnachweise

Seite	Urheber
S. 13	Urheber unbekannt
S. 16	Werner Seiferlein
S. 30	Sanofi
S. 31	Sanofi
S. 32	Merckle
S. 33 oben	Werner Seiferlein
S. 33 unten	Werner Seiferlein
S. 34	Merckle
S. 35	Merckle
S. 36	Urheber unbekannt
S. 37	Urheber unbekannt
S. 43	Werner Seiferlein
S. 44	Werner Seiferlein
S. 45	Werner Seiferlein
S. 46	Werner Seiferlein
S. 47	Werner Seiferlein
S. 48	Werner Seiferlein
S. 52	DB
S. 53	DB

W. Seiferlein, *Wohlbefindlichkeitsfaktoren für verschiedene Branchen*,
https://doi.org/10.1007/978-3-658-31007-3

S. 54 oben	DB
S. 54 unten	DB
S. 55 oben	DB
S. 55 unten	DB
S. 57	Meyer Werft
S. 60	Sparkasse Dieburg
S. 61 oben	Sparkasse Dieburg
S. 61 unten	Sparkasse Dieburg
S. 63	Fraport
S. 64 oben	Fraport
S. 64 unten	Fraport
S. 72 oben	Christine Kohlert
S. 72 unten	Christine Kohlert
S. 74	Christine Kohlert
S. 77	GaLaBild Joest, Bundesverband Garten-, Landschafts- und Sportplatzbau
S. 78	GaLaBild Joest, Bundesverband Garten-, Landschafts- und Sportplatzbau
S. 79	GaLaBild Joest, Bundesverband Garten-, Landschafts- und Sportplatzbau
S. 80	GaLaBild Joest, Bundesverband Garten-, Landschafts- und Sportplatzbau
S. 81	Urheber unbekannt
S. 84	Werner Seiferlein
S. 89 oben	Urheber unbekannt
S. 89 unten	Urheber unbekannt
S. 90	Christine Kohlert
S. 99	Sound Shower
S. 104	Werner Seiferlein
S. 105	Kasper GmbH
S. 110	Werner Seiferlein
S. 111	RBSGROUP

S. 112	Werner Seiferlein
S. 113	Christine Kohlert
S. 124	Werner Seiferlein
S. 127	Werner Seiferlein

Anhang

Anhang 1: Die Wohlbefindlichkeitsfaktoren als Checkliste

Architektur

- Gesund Bauen und Instandhalten:
- Funktionales Raum-Layout:
- Ein Parkplatz für jedes Fahrzeug:

Ergonomie

- Adäquates Mobiliar:
- Büro- und Werkstattmöbel:
- IT-Ausstattung:

Work-Life-Balance

- Gegenseitige Vereinbarung:
- Employers & Company Alignment/Change Management:
- Wertschätzung:

Wahrnehmung

- Luft:
- Licht:
- Lärm:
- Leib:
- Farben:
- Düfte:

W. Seiferlein, *Wohlbefindlichkeitsfaktoren für verschiedene Branchen*,
https://doi.org/10.1007/978-3-658-31007-3

Natur

- Pflanzen:
- Wasser/Meer:
- Tiere:

Kommunikation

- Konstruktive Maßnahmen:
- Informale Kommunikation:
- Kommunikationskonzept:

Gesundheit

- Hygiene/Allergien:
- Sicherheit/Qualität:
- Ort der Ruhe/Power Napping:
- geistige Betätigung:
- Sport und Bewegung:

Anhang 2: Basis-Matrix zur Visualisierung der Ergebnisse

Architektur	Gesundes Bauen und Instandhalten	Funktionales Raum-Layout	Ein Parkplatz für jedes Fahrzeug			
Ergonomie	Adäquates Mobiliar	Büro-und Werkstatt möbel	IT-Ausstattung			
Work-Life-Balance	Gegenseitige Vereinbarung	Employers & Company Alignment/ Change Manage-ment	Wertschätzung			
Wahrneh-mung	Luft	Licht	Lärm / Musik	Leib	Farben	Düfte
Natur	Pflanzen	Wasser/ Meer	Tiere			
Kommunikation	Konstruk-tive Maß-nahmen	Informale Kommuni-kation	Kommunikationskonzept			
Gesundheit	Hygiene/ Allergien	Sicherheit/ Qualität	Ort der Ruhe/ Power Napping	geistige Betätigung	Sport und Bewegung	

MIX
Papier aus verantwortungsvollen Quellen
Paper from responsible sources
FSC® C105338

If you have any concerns about our products,
you can contact us on
ProductSafety@springernature.com

In case Publisher is established outside the EU,
the EU authorized representative is:
Springer Nature Customer Service Center GmbH
Europaplatz 3, 69115 Heidelberg, Germany

Printed by Libri Plureos GmbH
in Hamburg, Germany